服装实用技术·应用提高

婴幼儿服饰设计与制板

马 芳 编著

中国纺织出版社

内 容 提 要

本书针对0～3周岁的婴幼儿，从儿童人体结构和婴幼儿服装结构原理出发，系统、详尽地介绍了婴幼儿服饰常见款式的设计、规格和制板，有很强的理论性、系统性和实用性。

本书图文并茂、通俗易懂，既可作为服装专业院校教材使用，又便于新手妈妈的学习，也可供专业技术人员阅读参考。

图书在版编目（CIP）数据

婴幼儿服饰设计与制板 / 马芳编著. -- 北京：中国纺织出版社，2020.5（2024.7重印）
（服装实用技术. 应用提高）
ISBN 978-7-5180-5897-6

Ⅰ. ①婴… Ⅱ. ①马… Ⅲ. ①童服－服装设计②童服－服装量裁 Ⅳ. ① TS941.716

中国版本图书馆 CIP 数据核字（2019）第 004855 号

———————————————————————

责任编辑：张晓芳 责任校对：王花妮 责任印制：何 建
———————————————————————
中国纺织出版社出版发行
地址：北京市朝阳区百子湾东里A407号楼 邮政编码：100124
销售电话：010—67004422 传真：010—87155801
http：//www.c-textilep.com
中国纺织出版社天猫旗舰店
官方微博 http：//weibo.com/2119887771
三河市宏盛印务有限公司印刷 各地新华书店经销
2020年5月第1版 2024年7月第3次印刷
开本：787×1092 1/16 印张：9
字数：186千字 定价：49.80元
———————————————————————
凡购本书，如有缺页、倒页、脱页，由本社图书营销中心调换

前言

随着中国二孩政策的开放，中国迎来了一波人口出生潮，中国每年出生的新生儿高达一千多万，如此庞大的市场必然引来各服装企业的激烈竞争，同时也促进童装市场的进一步发展。

0~3周岁的婴幼儿没有自主购买力，因此产品设计和制作过程中，不仅要考虑儿童的穿着需求，也要考虑符合家长的购买标准。童装在体现舒适性、功能性和安全性的同时，应突出个性和时尚的特点。

本书针对年龄范围在0~3周岁的婴幼儿，全书共分为五章：第一章概述，介绍了婴幼儿的生理特征、身体测量方式及注意事项、婴幼儿服饰设计特点；第二章、第三章、第四章分别介绍了婴幼儿上衣、裤装和裙装流行款式的规格尺寸的制定和结构设计原理及方法；第五章针对常见的婴幼儿配饰进行了规格尺寸的制定和结构设计原理及方法的介绍。

本书的主要特点是用CorelDRAW X4软件按1：5的比例进行绘图，以图文并茂的形式详细分析了0~3周岁婴幼儿上衣、裤装、裙装和典型配饰的结构制板原理、变化规律、设计技巧和制图过程，形成了系统的婴幼儿装结构制板理论体系，同时又注意理论与实践的有机结合。

《婴幼儿服饰设计与制板》由长期担任服装结构设计的老师共同编写完成。全书共五章，第一章至第三章由河北科技大学纺织服装学院马芳编写，第四章、第五章由河北科技大学纺织服装学院胡玉良编写，全书由马芳统稿。

本书在编写过程中得到了河北科技大学纺织服装学院各位领导、同事的大力支持和帮助，在此表示衷心的感谢！

由于日常教学工作繁忙，编写时间紧迫，书中难免出现疏漏，恳请专家和读者指教。

编著者
2019年9月于石家庄

目录

第一章　概述

　　婴幼儿指0~3周岁的儿童。在这个时期，婴幼儿的身体发育最为显著，各项机能快速增强，同时具有睡眠多、皮肤细嫩、新陈代谢快、个人不具备服装的穿脱能力、无法用语言表达自身感受等特点。因此，婴幼儿服饰设计和制板与成人及其他年龄段儿童有较大区别。

第一节　婴幼儿生理特征

　　根据婴幼儿生理及心理特征，0~3周岁儿童年龄段又可以划分为婴儿期和幼儿期。

一、婴儿期生理特征

　　婴儿期指0~1周岁，身高为52~80cm，此阶段是身体发育最为显著的时期。婴儿头身比例约为1∶4，头大、腹大、肩窄、颈短、四肢短是其主要特征。婴儿的身高在0~6个月以平均每月2.5cm左右的速度增高，7~12个月则以平均每月1.5cm左右的速度增高。头围和胸围0~6个月平均增加10cm，7~12个月平均增加2cm。

　　0~3个月婴儿需要大量睡眠，大部分姿势是仰卧，受胎儿时期的姿势影响，此阶段婴儿四肢通常呈屈曲状态，同时肢体发育尚不完全，动作幅度较小，仰卧时间较多，容易吐奶，肚脐部分较脆弱，容易受凉。体型方面，头占身体比例较大，颈部非常短，肩部圆且小，胸腹部凸出，腿部粗细变化明显。

　　4~6个月婴儿醒着的时间增加，能够翻身，在大人帮助下能坐起来，在上臂及肘关节的支撑下能够扬起头部和肩部，运动量随醒着时间的增加而增加，手脚能够较大幅度地运动。体型方面，胸部的突出向下移，背部的曲率开始增加。

　　7~12个月婴儿运动量急剧增加，8个月左右能够扶着东西站起来，10个月左右可牵引大人的手行走，韧性好，动作幅度较大。体型方面，下肢变得发达。

二、幼儿期生理特征

　　幼儿期指1~3周岁，身高为80~100cm，是幼儿身体成长与运动机能发育最显著的时期。幼儿保持着头大、颈短、胸腹部凸出的特点，但是头身指数在增加，头身比例大约在1∶4.5。身高每年增长5~10cm，胸围每年增长2cm左右，腰围每年增长1cm左右，腹部凸出逐渐减小，背部曲率增大，上肢每年增长2cm左右，下肢增长较快，尤其是大腿的长度增长显著。

　　1~2周岁幼儿能够独立行走和跑动，但穿衣仍需要大人帮助，为方便步行训练，尿布

（纸尿裤）用量减少。体型方面，更加接近四头身，四肢更加健壮。

2～3周岁幼儿能够跑跳，能够自己穿脱衣服。体型方面，颈部逐渐成形，腹部凸出减小，肩部向外凸出，上下身比例接近1：1，下肢更加发达。

0～3周岁婴幼儿各部位尺寸数据如表1-1所示。

表1-1　0～3周岁婴幼儿各部位尺寸数据表　　　　　　　　单位：cm

月龄	身高	背长	手臂长	下肢长	前裆长	头围	胸围	臀围	备注
0	50	14.5	16.8	16	12.8	33.5	40	46	卧姿为主
3	58	16.2	17.6	19.1	13.1	39.8	44	48	
6	65	17.6	18.5	22.8	13.9	42.8	45	49	坐姿、爬行
9	72	19.2	20.3	27.8	14.5	44.2	46.4	50	
12	78	20	21.7	30.4	15.1	45.3	48	51	直立、坐姿、仰卧等多种姿势
18	84	22	23.2	33.6	16.5	47	50	52	
24	88	23.1	25	35.2	17	48.2	52	54	
30	92	24.1	26.6	36.8	17.5	49.3	53.2	55	
36	94	24.5	27.2	37.6	18	50	54.4	56	

第二节　婴幼儿身体测量

一、婴幼儿身体测量的基本姿势

婴儿身体测量的基本姿势是仰卧，幼儿身体测量的基本姿势是直立姿势和坐姿。我国婴幼儿身体测量标准为GB/T 22044—2017《婴幼儿服装用人体测量的尺寸定义与方法》。

二、婴幼儿身体测量时的着装

发育期的婴幼儿着装不要过分合体，要有适度的松量，应在一层内衣外测量。

三、婴幼儿身体测量注意事项

（1）婴幼儿在测体时，身体容易移动，以主要尺寸为主，如身高、胸围、腰围、臀围等，其他部位的尺寸通过推算获得。

（2）部分基准点和基准线较难确定，如腰围线。测量时借用细绳带，使孩子弯曲肘部，肘点的水平位置即为腰围线的位置。

四、婴幼儿身体测量的部位与方法

（1）身高——立姿赤足，自头顶至地面所得的垂直距离。2周岁以下的婴幼儿可平躺于台面，腿伸直，脚与腿成90°角，测量自头顶至脚跟的距离。

（2）颈椎点高——立姿赤足，从第七颈椎点到地面的垂直距离。2周岁以下的婴幼儿可平躺于台面，腿伸直，脚与腿成90°角，测量自第七颈椎点，沿背部脊柱曲线至臀围线，再直线至脚跟的长度。

（3）胸围——经肩胛骨、腋窝和乳头测量的最大水平围长。

（4）腰围——胯骨上端与肋骨上缘之间自然腰际线的水平围长。

（5）臀围——在臀部最丰满处测量的臀部水平围长。

（6）背长——测量自第七颈椎点沿脊柱曲线至腰际线的曲线长度。

（7）手臂长——被测者右手握拳放在臀部，手臂弯曲成90°角，测量自肩峰点，经桡骨点（肘部）至尺骨茎突点（腕部）的长度。

（8）腰围高——立姿赤足，自腰围线至地面的垂直距离。2周岁以下的婴幼儿可平躺于台面，将腿伸直，脚与腿成90°角，沿体侧测量从腰际线至脚跟的直线距离。

（9）直裆——被测者坐在硬而平的台面上，在体侧测量从腰际线至台面的垂直距离。

（10）头围——两耳上方水平测量的头部最大围长。

（11）颈根围——经第七颈椎点、颈根外侧点及颈窝点测量的颈根部围长。

（12）总肩宽——被测者手臂自然下垂，测量左右肩峰点之间的水平弧长。

（13）大腿根围——测量大腿最高部位的水平围长。

（14）臂根围——自腋下经过肩端点与前后腋点环绕手臂根部一周所得尺寸。

（15）手腕围——被测者手臂自然下垂，测量腕骨部位弧长。

（16）手掌围——右手伸展，四肢并拢，拇指分开，测量不包括大拇指在内的手掌最大围长。

（17）脚腕围——环绕踝骨一周所得尺寸。

（18）脚长——被测者赤足，脚趾伸展，测量最突出的足趾尖点与足跟最突出点连线的最大直线距离。

第三节　婴幼儿服饰设计特点

儿童与成人的根本区别在于，儿童是处于一个不断生长发育的过程之中。不论体型还是机能等方面都不是大人的缩小版，而是随着各部位的生长发育，体型也在不断地发生变化，并逐渐接近成人。婴幼儿在躯干、手脚及头部的比例上都明显区别于成人和其他年龄段儿童，所以，婴幼儿期的服装功能、款式、面料、色彩都不同于其他时期。

一、婴幼儿服饰材料的选用

婴幼儿服饰以纯棉面料为主，因为纯棉面料手感柔软，吸湿透气，对婴幼儿娇嫩的肌肤无刺激，并能较快地吸收婴儿体内散发的汗液；另外，婴幼儿由于喂食、爬行、大小便等原因，需经常更换衣裤，性价比高且耐洗、耐穿的棉布是婴幼儿服装的首选，天然彩棉因为其绿色环保的性能，更是受到父母们的青睐。

二、婴幼儿服饰色彩图案的选用

婴幼儿服饰的色彩以柔和、明亮的浅色系为主，浅色调能给人以温柔、平和、宁静的感觉，具有减少哭闹、安抚婴幼儿情绪的作用；另外，浅色系也方便家长及时发现衣物上的污渍，从而进行更换和洗涤。服饰图案以益智的花草树木和可爱的卡通图像为主，装饰设计手法可采用抽褶、加荷叶边、缉明线、各种花边、绣花、贴布、印花、蝴蝶结等，不宜采用金属纽扣、金属拉链、珠子等装饰，以免划伤婴幼儿或被婴幼儿抓下误食。

三、婴幼儿服饰款式造型设计

婴幼儿服装衣身廓形可采用宽松H型、A型和O型，宽松H型不收摆、不收腰，外观给人大方休闲的感觉，符合婴幼儿腹部凸出无三围区别的体型特征。A型服装的特征是上小下大，下摆呈外张状态，这种造型也适合婴幼儿窄肩凸腹的体态，造型活泼可爱。O型服装腰部宽松，袖口、脚口收紧，主要应用在婴幼儿期比较常用的连体哈衣中，能使婴幼儿在玩耍时身体不受拘束。婴幼儿对口袋特别的喜爱，一般口袋设计以贴袋为主，将口袋设计成花、草、叶子、动物、水果或者是文字等图案，可以很好体现婴幼儿活泼可爱的形象。

四、婴幼儿服饰结构设计

婴幼儿服装结构应少用或不用分割线、省道等，以使服装尽量宽松、舒适，避免服装缝份对婴幼儿娇嫩的肌肤产生摩擦损伤。

婴幼儿上衣前片略长，以适应其凸出的腹部，并遮住肚脐以免着凉，较小婴儿衬衫可采用半背衣设计，防止婴儿尿湿衣摆，如图1-1所示。

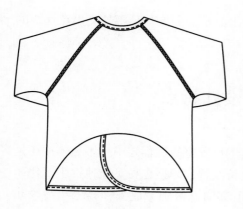

图1-1　婴儿半背衣衬衫

婴儿脖颈较短，平时喜欢蜷缩着身体，因此领子开口较大，以无领和假领为主，这样可以尽可能地减少衣服对颈部的摩擦及伤害，不宜设计立领、连翻领和连帽领等。图1-2为开肩圆领，开肩圆领多用于3～24个月的婴幼儿，开肩的设计保证了穿脱的便利，领部只需要保证颈部的舒适即可，此类领型广泛使用于现今的婴儿服装中。但需要注意的是肩部开合的设计，可使用暗扣或者系带，保证婴幼儿服装的安全性。前中开口圆领需套头穿着，因此尺寸不能小于头围，同时应该加放松量，如图1-3所示。秋冬天气寒冷，为满足保暖需求，婴幼儿秋冬服装会采用中立领的设计。由于婴幼儿脖颈较短，立领高度不宜超过2cm，立领结构的服装领围较小，因此1周岁以下婴儿可配合开肩设计，2～3周岁幼儿可选择闭合肩部的款式，如图1-4所示。

婴儿期袖型以中式袖和插肩袖为主，以适应婴儿期的"大字型"体位，袖长不宜太长，以方便穿衣，并防止细菌滋生。在袖子的设计中，还要注意袖口的尺寸。在24个月前，婴幼

图1-2 开肩圆领   图1-3 前中开口圆领   图1-4 内倾型立领

儿还不能够自主穿衣，因此要将袖口做宽一些，以方便大人为儿童穿衣。2周岁以后，幼儿自己会穿袖子，为了保暖，宜把袖口做窄些。

门襟多以开合门襟为主，婴幼儿皮肤比较敏感，不应该采用金属或是塑料的拉链用于开合门襟，以免造成刮伤，而应使用纽扣或系带。门襟的位置大多放置在侧缝处，方便父母为其穿脱衣服。

婴幼儿腹部凸出，腰部橡筋过紧易影响孩子的生长发育，过松裤子又容易下滑，所以婴幼儿裤装宜采用背带式或连体式结构。开裆裤有利于对婴幼儿的清洁工作，但婴儿6个月以后逐渐能翻身和爬行，活动范围变大，环境更为复杂，而婴儿自身的免疫系统还不够完善，对细菌病毒的抵抗能力较弱，穿开裆裤容易让外界细菌、灰尘入侵，对宝宝的皮肤及身体器官造成危害，因此，宜采用合裆结构，或在裆部使用纽扣扣合。

五、婴幼儿服饰工艺设计

单层服装的缝边不应以布包边，而应以细线锁缝或采用包净的方式，以最大程度减少服装缝边的厚度。贴身内衣面料少用绣花，以柔软无起伏为佳，如需在婴幼儿贴身衣物上加"成分唛"或"洗唛"，则应固定在外边，以免标签摩擦伤害婴幼儿细嫩肌肤。

六、婴幼儿服饰辅料及配件选用

服装及睡袋等寝具上不宜用拉链、别针等易划伤婴幼儿的金属材料，少用有眼纽扣、有脚纽扣等需要用线缝合在服装上的扣紧材料，以防部件脱落被婴幼儿误吞误食。非缝合式的按扣强度和牢度高，开启和闭合方便，且表面光滑，与面料贴合紧密，因此，非常适合应用在婴幼儿服装上。婴幼儿服饰中如果采用系带，要注意系带缝缀方式和长度应符合国家标准要求。

婴幼儿服饰设计还应注重配饰的设计，使帽子、手套、围嘴等与服装相得益彰。

服装是婴幼儿的第二皮肤，是保护婴幼儿免受外界伤害的重要屏障，对婴幼儿最初的生长发育起着不可忽视的作用。未来的婴幼儿服装设计将更人性化，更注重服装与人体的配合，在注重安全、舒适、卫生的同时，更多地将目光投向生态、绿色、环保，在使用和穿着时，给婴幼儿以舒适、放松、回归自然的感觉。

第二章　婴幼儿上衣设计与制板

　　1周岁以内的婴儿期是人类生命的特殊时期，生理上不能完全达到成人的各项标准，甚至不能完全具有调节体温的基本功能，因此服装款式应有利于宝宝的健康生长发育。

　　幼儿与婴儿在体征、心理和行为上的最明显区别是具有好动的生长特征，幼儿活泼好动，活动范围较大，但动作尚不协调、准确，衣服容易脏污，尤其是袖口部位易脏易破，在进行款式设计时需加以注意。

　　婴幼儿上衣品类较多，按季节进行划分，可以分为单的、夹的、棉的；按用途进行划分，可以分为内衣和外衣，内衣包括无袖、短袖和长袖T恤、衬衫等，外衣包括罩衫、外套、马甲、棉袄、大衣、斗篷等。

第一节　上衣

　　婴儿的生理特征和体型特征对服装结构的影响主要表现在服装的穿脱开口、领口、衣身、袖子造型的设计等方面，具体表现为：①服装要易穿易脱，尽量不要采用套头设计，多采用布带的扣系方式，即开合门襟方式；②门襟可以为直开或者斜开设计；③连体宽松的睡衣、睡袋式设计比较适合婴儿早期的生理及活动需要；④袖子采用连身宽松的和服袖子设计比较舒适。

一、偏襟单上衣

1. 款式特点

宝宝柔软针织插肩袖上衣，前胸双层门襟保护婴儿稚嫩的胸部和腹部；领、门襟、衣摆、袖口等部位绲边；领口贴心按扣，使领口贴合体型不变形，并且防风保暖；衣摆按扣有效固定衣摆。该款式适合6个月以内的婴儿穿着。款式设计如图2-1所示。

2. 原辅材料

（1）衣身面料采用浅色纯棉针织棉毛布，柔软、舒适、有弹性。

（2）各部位绲边采用1+1罗纹。

（3）系带采用同色1cm宽编织带。

（4）领口和衣摆处各1粒树脂四合扣，方便扣系。

3. 成衣尺寸

适合6个月以内婴儿的成衣规格52/40、59/44、66/48，基准测量部位和参考尺寸如表2-1所示。

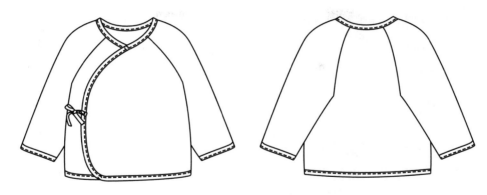

图2-1　新生儿偏襟单上衣款式设计图

表2-1　新生儿偏襟单上衣成衣规格表　　　　　　　　　　单位：cm

名称 规格	后衣长	胸围	总肩宽	袖长（颈后点量起）	袖口宽
52/40	28	48	19	28	8
59/44	30	52	20	30	8
66/48	32	56	21	32	8

4. 结构制图

身高59cm新生儿偏襟单上衣结构制图如图2-2所示。

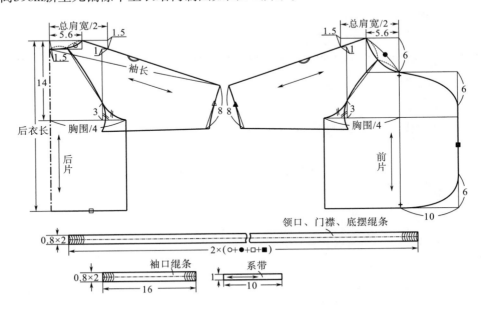

图2-2　新生儿偏襟单上衣结构制图

5. 制图与工艺说明

（1）插肩袖结构，无袖中线，前后插肩位置均在领口中点。

（2）门襟搭接量10cm，门里襟均在腋下系结。

（3）领口处按扣在前中领口绲边处，底摆处按扣在前底摆中心绲边处。

（4）各部位绲边宽0.8cm。

（5）编制系带宽1cm，长10cm，门里襟共需要4根。

二、婴儿棉袄

1. 款式特点

宝宝宽松舒适棉袄，无领，装袖，偏襟设计增加穿着的舒适性；衣袖较长可翻卷，增加服装的保暖性；门襟处纽扣系结。领口、门襟、底摆、袖口等部位宽明线固定并装饰。该款式适合1周岁以内的婴儿穿着。款式设计如图2-3所示。

图2-3　婴儿棉袄款式设计图

2. 原辅材料

（1）面料、里料采用100%彩棉针织汗布，柔软、舒适、无污染，并有一定弹性。

（2）中间层采用100%聚酯纤维，蓬松性、可洗性好。

（3）4粒树脂两眼扣，方便扣系。

3. 成衣尺寸

适合1周岁以内婴儿的成衣规格59/40、66/44、73/48，基准测量部位和参考尺寸如表2-2所示。

表2-2　婴儿棉袄成衣规格表

单位：cm

名称 规格	后衣长	胸围	总肩宽	袖长	袖口宽
59/40	30	54	21	24.5	9
66/44	32	58	22	26	9
73/48	34	62	23	27.5	9

4. 结构制图

身高66cm婴儿棉袄结构制图如图2-4所示。

5. 制图与工艺说明

（1）前片左右不对称设计，偏襟量5cm，搭门宽1cm。

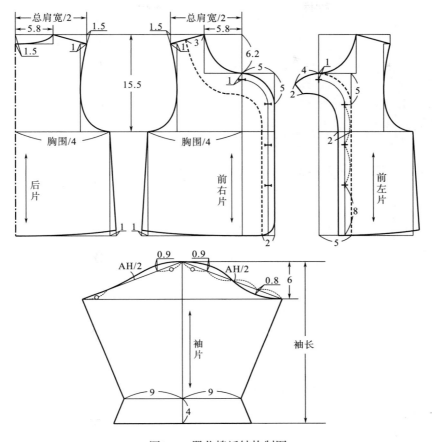

图2-4 婴儿棉袄结构制图

（2）前片和后片衣摆略有展开，展开量均为1cm。

（3）4粒扣位置如图2-4中前左片、前右片所示。

（4）装袖结构，袖山高6cm，袖口处挽起4cm。

三、半背衣

1. 款式特点

宝宝柔软针织插肩袖半背衣，斜襟系扣设计，既保护婴儿幼嫩的腹部又方便穿脱；后片半背设计防止婴儿尿湿衣摆；护手设计防止婴儿抓伤自己；领口、袖口、衣摆等部位绲边，柔软舒适，不摩擦宝宝肌肤；无骨缝制，保护婴儿娇嫩肌肤。半背衣款式设计如图2-5所示。

2. 原辅材料

（1）衣身面料采用浅色纯棉针织棉毛布，柔软、舒适、有弹性，前片印花设计。

（2）各部位绲边采用纯棉1+1针织罗纹。

（3）系带采用同色1cm宽编织带。

（4）右片插肩线处门襟，2粒树脂扣系结。

3. 成衣尺寸

适合6个月以内婴儿的成衣规格52/40、59/44，基准测量部位和参考尺寸如表2-3所示。

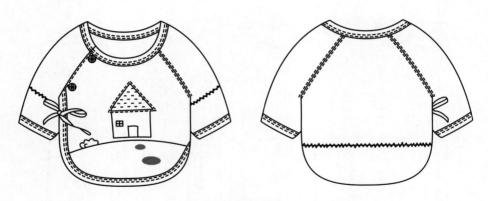

图2-5　半背衣款式设计图

表2-3　半背衣成衣规格表　　　　　　　　　　　　　　　　　　　　单位：cm

规格＼名称	衣长	胸围	总肩宽	袖长（颈后点量起）	袖口宽
52/40	26	46	19	26	8
59/44	28	50	20	28	8

4．结构制图

身高59cm婴儿半背衣结构制图如图2-6所示。

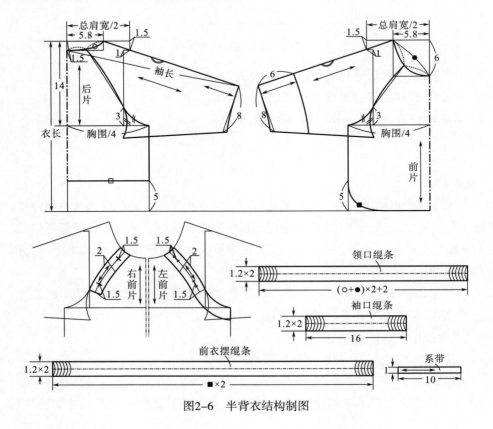

图2-6　半背衣结构制图

5．制图与工艺说明

（1）插肩袖结构，无袖中线，前后插肩位置均在领口中点。

（2）右插肩线处设门襟和里襟，里襟与门襟贴边宽2cm，设2粒扣。

（3）前片设计护手，尺寸自袖口处6cm。

（4）领口、袖口和前侧缝至底摆处绲边，右侧缝处系带。

（5）各部位绲边宽1.2cm。

（6）编制系带宽1cm，长10cm，门里襟共需要两根。

第二节　T恤

T恤适合夏、春、秋季的穿着，面料有薄有厚，款式上可以有袖也可以无袖，既可以单穿，也可以配合其他服装进行穿着。其设计随衣长、宽松量、领型的变化而变化，款式多种多样，既能适合儿童的活动，又能体现儿童的活泼可爱。

一、无袖T恤

1．款式特点

适合男女儿童穿着的普通无袖T恤，圆领设计，颈部舒适，自由柔软；领口、袖窿处宽绲边设计；衣摆挽边，双明线绷缝。无袖T恤款式设计如图2-7所示。

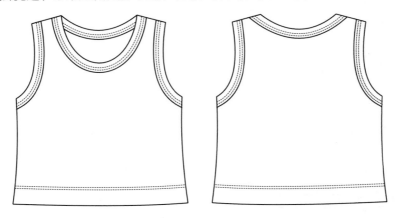

图2-7　无袖T恤款式设计图

2．原辅材料

（1）衣身面料采用纯棉针织汗布，柔软、舒适、有弹性，可采用印花布，也可采用局部印花设计。

（2）各部位绲边采用纯棉1+1针织罗纹。

3．成衣尺寸

适合婴幼儿穿着的成衣规格73/44、80/48、90/52，基准测量部位和参考尺寸如表2-4所示。

表2-4　无袖T恤成衣规格表　　　　　　　　　　单位：cm

名称 规格	衣长	胸围	肩宽	袖窿深
73/44	30	50	21	13
80/48	33	54	23	14
90/52	37	58	25	15

4. 结构制图

身高73cm婴儿无袖T恤结构制图如图2-8所示。

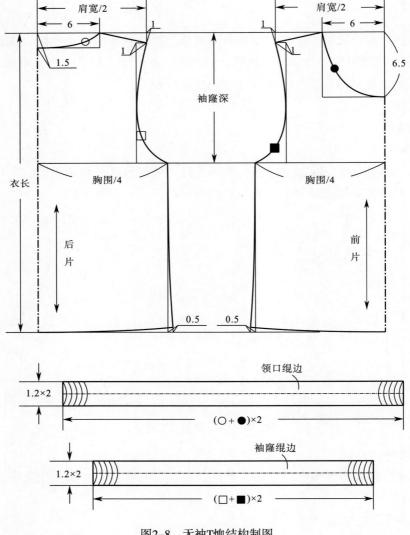

图2-8　无袖T恤结构制图

5. 制图与工艺说明

（1）无领无袖结构，领口宽6cm，领口较大，方便穿脱。

（2）前片和后片底摆均展开1cm。

（3）领口和袖窿处绲边，各部位绲边宽1.2cm。

二、短袖T恤

1. 款式特点

适合男女儿童穿着的印花短袖T恤，罗纹圆领设计；左插肩线设计门里襟，2粒扣系结，方便穿脱；袖口、衣摆挽边，双明线绷缝。短袖T恤款式设计如图2-9所示。

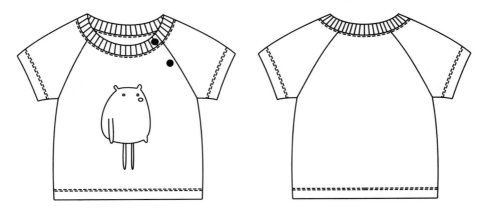

图2-9 短袖T恤款式设计图

2. 原辅材料

（1）衣身面料采用纯棉针织汗布，柔软、舒适、有弹性，可采用印花布，也可采用局部印花设计。

（2）领口采用纯棉1+1针织罗纹面料。

（3）门里襟采用2粒彩色树脂四合扣。

3. 成衣尺寸

适合婴幼儿穿着的成衣规格80/48、90/52、100/56，基准测量部位和参考尺寸如表2-5所示。

表2-5 短袖T恤成衣规格表　　　　　　　　　　　单位：cm

名称 规格	衣长	胸围	肩宽	袖长（颈侧点测量）	袖窿深
80/48	32	54	24	12.5	14
90/52	36	58	26	14	15
100/56	40	62	28	15.5	16

4. 结构制图

身高90cm幼儿短袖T恤结构制图如图2-10所示。

5. 制图与工艺说明

（1）采用比例法制图，前片和后片胸围、肩宽、袖长等对应部位尺寸相等。

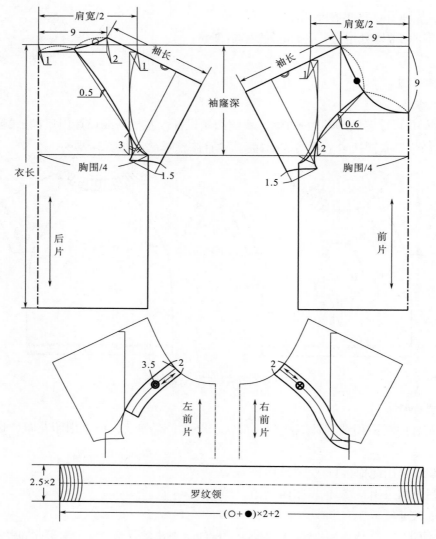

图2-10　短袖T恤结构制图

（2）圆领插肩袖结构，夏季领口较大，领口宽9cm，罗纹领宽2.5cm。

（3）前后插肩线均在前后领弧的二分之一处，身袖交叉点在前胸、后背宽上，距胸围线3cm。

（4）左插肩线处设计门襟和里襟，里襟与门襟贴边宽2cm，里襟长至身袖交叉点处，设2粒四合扣，罗纹领上钉1粒。

（5）袖缝弧线形设计，与袖口线呈直角。

三、女童长袖T恤

1. 款式特点

女童装袖T恤，两片式扁领，领外轮廓波纹状设计；后中心弧形开口系扣，方便穿脱；袖口处橡筋抽褶，舒适美观；衣摆挽边，双明线绷缝。女童长袖T恤款式设计如图2-11

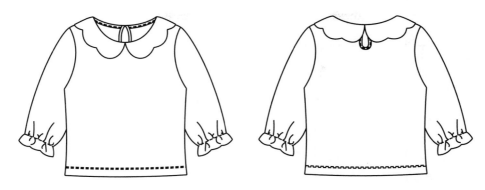

图2-11　女童长袖T恤款式设计图

所示。

2．原辅材料

（1）衣身、衣袖、扁领面料采用纯棉针织布，柔软、舒适、有弹性，可采用印花布，也可采用局部印花或刺绣设计。

（2）后片开口绲边采用衣身同种面料。

（3）扣系处1粒树脂四眼扣。

（4）领贴条采用同色纯棉机织平纹布。

3．成衣尺寸

适合婴幼儿穿着的成衣规格80/48、90/52、100/56，基准测量部位和参考尺寸如表2-6所示。

表2-6　女童长袖T恤成衣规格表　　　　　　　单位：cm

名称\规格	衣长	胸围	肩宽	袖长	袖窿深
80/48	32	58	24	27	14
90/52	36	62	26	30	15
100/56	40	66	28	33	16

4．结构制图

身高90cm女童长袖T恤结构制图如图2-12所示。

5．制图与工艺说明

（1）采用比例法制图，前后胸围、底摆、肩宽、领宽等对应部位尺寸相等。

（2）扁领装袖结构，领口宽6.5cm，后领深2cm，前领深6.5cm。

（3）后领中心弧形开口，开口深6cm，开口处绲边，绲边宽0.8cm。

（4）领于制图中，前后衣片重叠量1cm，装领线侧缝点外移0.5cm，前、后中点下移0.5cm，前领宽5cm，后领宽4.5cm，肩线处领宽5cm，波纹形外轮廓线。

（5）袖山高6cm，袖口在袖肥基础上前后各收进0.5cm，距袖口4cm处钉橡筋。

（6）后领中钉扣系襻宽0.8cm，长3cm。

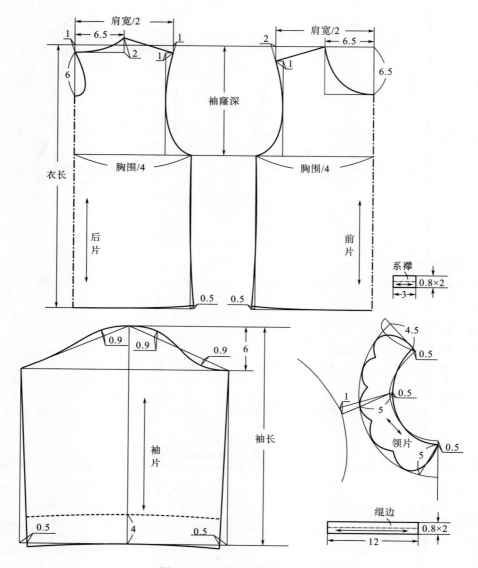

图2-12　女童长袖T恤结构制图

第三节　衬衫

衬衫是男童、女童日常穿着的服装，适合各个年龄段穿着，也适合使用各种面料制作。在款式上，衬衫可以有领也可以无领，可以长袖也可以短袖，可以外穿，也可以内穿并在外面配以背心、毛衣、外套等服装，可以是单衬衫，也可以做成棉衬衫在冬季穿着。

一、女童牛仔衬衫

1. 款式特点

全棉女童牛仔衬衫，扁领，装袖，袖口有窄袖克夫，1粒扣系结；前胸后背有分割线，分割线下抽碎褶；前片二分之一处开口，3粒扣系结。该款式方便活动与穿脱，适合婴幼儿期穿着。女童牛仔衬衫款式设计如图2-13所示。

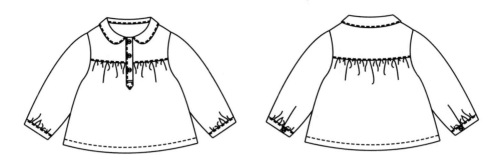

图2-13　女童牛仔衬衫款式设计图

2. 原辅材料

（1）面料采用柔软薄型纯棉牛仔面料，加少许氨纶丝增加弹性，可采用印花牛仔面料，也可采用局部印花或刺绣。

（2）前胸门襟、里襟和袖口处共有5粒树脂四眼扣，方便扣系。

3. 成衣尺寸

适合婴幼儿穿着的成衣规格80/48、90/52、100/56，基准测量部位和参考尺寸如表2-7所示。

表2-7　女童牛仔衬衫成衣规格表　　　　　　　单位：cm

名称　规格	衣长	胸围	肩宽	袖长	袖窿深	袖口围
80/48	32	60	22	27	14	15
90/52	36	64	24	30	15	15.5
100/56	40	68	26	33	16	16

4. 结构制图

身高90cm女童牛仔衬衫结构制图如图2-14所示。

5. 制图与工艺说明

（1）采用比例法制图，前、后片胸围尺寸均为16cm，褶量2cm，底摆展开量2cm。

（2）前、后领宽5.5cm，后领深2cm，前领深6cm，落肩2cm。

（3）前、后分割线均为胸围线上3cm的弧形分割，袖窿处上弧1cm。

（4）前中心门、里襟长13cm，宽2cm，门襟宝剑头设计，宝剑头尺寸1.5cm，3粒扣系结。

（5）袖山高6cm，距后袖缝线5cm处开口，开口尺寸5cm。

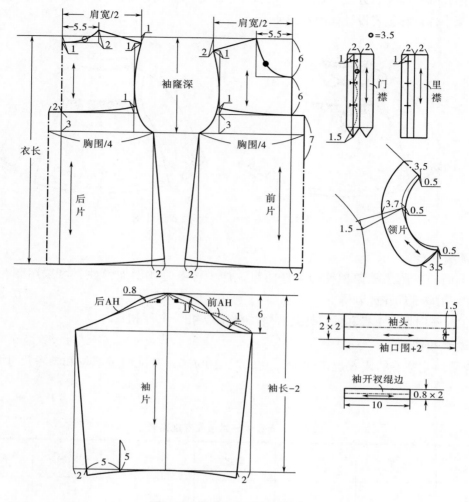

图2-14　女童牛仔衬衫结构制图

（6）袖头宽2cm，袖口搭接量1.5cm，里面连裁。

（7）袖开衩长10cm，宽0.8cm，里面连裁。

（8）扁领采用衣身基础上制图，肩部搭接量1.5cm，前、后中心领片宽度均为3.5cm，肩部领宽3.7cm。

二、男童经典短袖衬衫

1. 款式特点

全棉经典男童衬衫，翻立领，短袖装袖，前中心明门襟，5粒扣系结，后背育克分割，卡通图案装饰，穿着舒适活泼。男童经典短袖衬衫款式设计如图2-15所示。

2. 原辅材料

（1）采用柔软薄型机织纯棉面料，加少许氨纶丝增加弹性，简单大方的色彩更适合宝

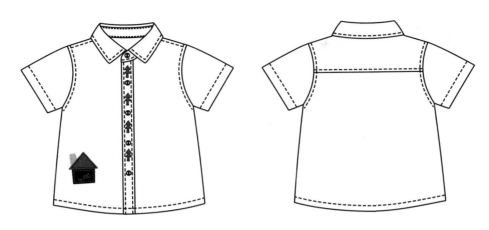

图2-15 男童经典短袖衬衫款式设计图

宝穿着，门襟、下摆处贴布装饰。

（2）门、里襟共有5粒树脂四眼扣，方便扣系。

3．成衣尺寸

适合婴幼儿穿着的成衣规格80/48、90/52、100/56，基准测量部位和参考尺寸如表2-8所示。

表2-8 男童经典短袖衬衫成衣规格表　　　　单位：cm

规格＼名称	衣长	胸围	肩宽	袖长	袖窿深
80/48	36	60	23.5	11.5	14
90/52	40	64	25	12	15
100/56	44	68	26.5	12.5	16

4．结构制图

身高100cm男童经典短袖衬衫结构制图如图2-16所示。

5．制图与工艺说明

（1）采用比例法制图，前、后片胸围尺寸均为胸围/4。

（2）前、后片领宽5.8cm，后领深2cm，前领深6.3cm，前、后片下摆展开均为1.5cm。

（3）后片分割线在胸围线上6cm，直线分割。

（4）明门襟宽2.5cm，扣位居中，底襟搭门量1.25cm。

（5）袖山高6cm，袖口宽为袖肥-4cm，前、后袖口各收进2cm。

（6）翻立领结构，底领后中心宽2cm，前中心宽1.8cm；翻领后中心宽3.5cm，翻领前中心宽5cm。

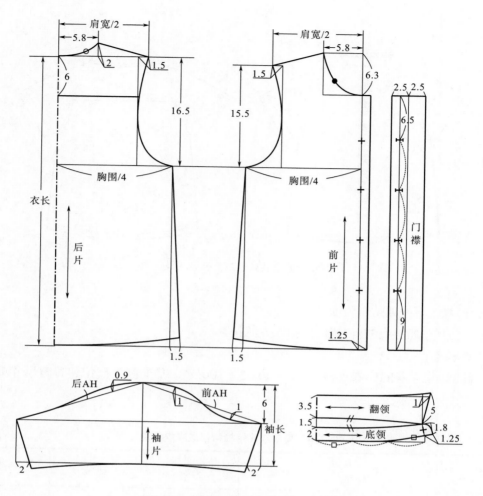

图2-16 男童经典短袖衬衫结构制图

第四节 马甲

马甲又称作背心，是童装设计中最基本的款式，适用于春、秋、冬三季穿着，既可以调节体温，又可以进行装饰，可以与不同服装进行搭配，适用于各个年龄段儿童。

马甲的款式多种多样，可随长度、宽松量、结构细节、装饰物等不同而有所不同，面料可以是机织面料、针织面料，也可以是编织产品。

一、针织单马甲

1. 款式特点

全棉针织马甲，无领，偏襟，偏襟处宽贴边，4粒扣系结，贴边上夹缝"耳型"造型装饰；领口、袖窿处绲边；前胸印花图案装饰，增加活泼性。该款式适合男女婴幼儿穿着。针织单马甲款式设计如图2-17所示。

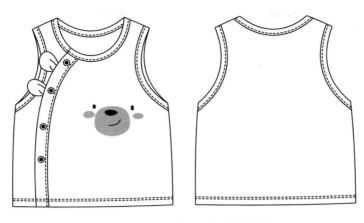

图2-17　针织单马甲款式设计图

2．原辅材料

（1）衣身、贴边面料采用纯棉保暖针织布，柔软、舒适、有弹性，既可采用印花布，也可采用局部印花设计。

（2）领口采用纯棉1+1针织罗纹面料。

（3）纽扣采用4粒彩色树脂四合扣。

3．成衣尺寸

适合婴幼儿穿着的成衣规格66/40、73/44、80/48，基准测量部位和参考尺寸如表2-9所示。

表2-9　针织单马甲成衣规格表　　　　　　　　　　单位：cm

规格＼名称	衣长	胸围	肩宽	袖窿深
66/40	31	50	21	13
73/44	33	54	22	14
80/48	35	58	23	15

4．结构制图

身高80cm婴幼儿针织单马甲结构制图如图2-18所示。

5．制图与工艺说明

（1）采用比例法制图，前、后片胸围尺寸均为胸围/4（14.5cm），底摆展开量1cm。

（2）前、后领口宽6cm，后领深1.5cm，前领深7cm，落肩1cm。

（3）门、里襟宽2cm，偏襟位置在右前片，领口处距前中心3cm，胸围线上距前中心7.5cm，底摆处距前中心8.5cm，弧线连接。

（4）门、里襟按扣扣合，第一粒扣距领口1.5cm，最后一粒扣距底摆9cm，扣间距相等。

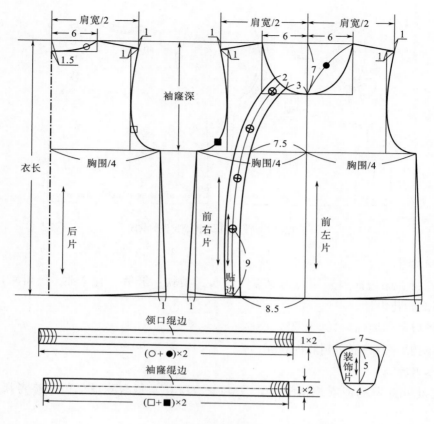

图2-18　针织单马甲结构制图

（5）领口和袖窿绲边宽1cm。

二、起绒马甲

1. 款式特点

适合男女儿童的春秋季起绒马甲，无领，斜襟单排扣，4粒扣系结；领口、袖窿处绲边。春秋起绒夹马甲款式设计如图2-19所示。

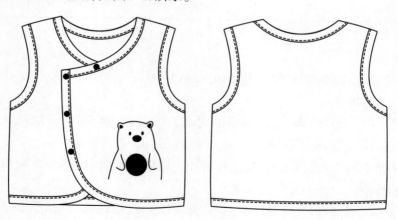

图2-19　春秋起绒夹马甲款式设计图

2．原辅材料

（1）衣身面料采用针织化纤起绒面料，穿着蓬松舒适。

（2）领口采用1+1针织罗纹面料。

（3）纽扣采用4粒彩色树脂四合扣。

3．成衣尺寸

适合婴幼儿穿着的成衣规格73/44、80/48、90/52，基准测量部位和参考尺寸如表2-10所示。

表2-10　春秋起绒夹马甲成衣规格表

单位：cm

名称\规格	衣长	胸围	肩宽	袖窿深
73/44	31	56	22	14
80/48	33	60	23	15
90/52	35	64	24	16

4．结构制图

身高80cm婴幼儿春秋起绒夹马甲结构制图如图2-20所示。

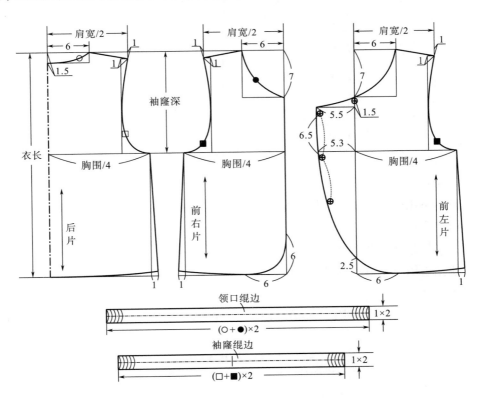

图2-20　春秋起绒夹马甲结构制图

5. 制图与工艺说明

（1）采用比例法制图，前、后片胸围尺寸均为胸围/4（14.5cm），底摆展开量1cm。

（2）领口宽6cm，后领深1.5cm，前领深7cm，落肩1cm。

（3）右片底摆6cm圆角。

（4）偏襟位置在右前片，领口处距前中心5.5cm，胸围处距前中心5.3cm，偏襟弧线和底摆弧线顺接，距底摆2.5cm。

（5）门、里襟按扣扣合，按扣在绲边处，具体尺寸如图2-20所示。

（6）领口和袖窿绲边宽1cm。

三、棉马甲

1. 款式特点

适合男女儿童的彩棉内穿棉马甲，左肩和左侧缝开口系扣，方便穿脱。棉马甲款式设计如图2-21所示。

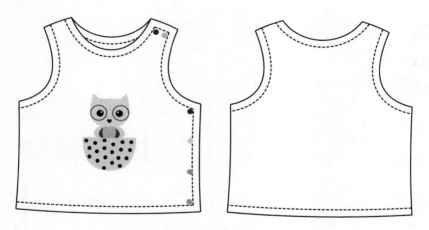

图2-21　棉马甲款式设计图

2. 原辅材料

（1）面料采用天然彩棉针织棉毛布，弹性好，穿着舒适。

（2）里料采用天然彩棉针织汗布。

（3）絮填料是纯棉花填充。

（4）纽扣采用6粒彩色树脂四合扣。

3. 成衣尺寸

适合婴幼儿穿着的成衣规格66/40、73/44、80/48，基准测量部位和参考尺寸如表2-11所示。

表2-11　棉马甲成衣规格表　　　　　　　　　　　　　　　　单位：cm

名称 规格	衣长	胸围	肩宽	袖窿深
66/40	30	54	21	13

续表

名称 规格	衣长	胸围	肩宽	袖窿深
73/44	32	58	22	14
80/48	34	62	23	15

4. 结构制图

身高80cm婴幼儿棉马甲结构制图如图2-22所示。

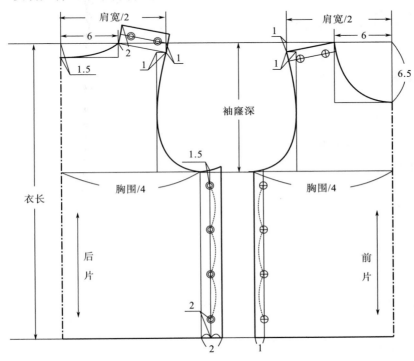

图2-22 棉马甲结构制图

5. 制图与工艺说明

（1）采用比例法制图，前、后片胸围尺寸均为胸围/4（14.5cm），底摆与胸围尺寸相同。

（2）领口宽6cm，后领深1.5cm，前领深6.5cm，落肩1cm。

（3）后片肩部底襟宽2cm，纽扣在二分之一处，与前片肩部门襟位置相对应。

（4）后片侧缝底襟宽2cm，反折与前片扣合，纽扣在贴边中心线上，与前片侧缝门襟位置相对应。

四、女童中式马甲

1. 款式特点

冬季女童中式马甲，棉内胆，立领，偏襟，传统盘扣寓意吉祥如意，立领、袖窿和底摆加绒设计，舒适保暖。女童中式马甲款式设计如图2-23所示。

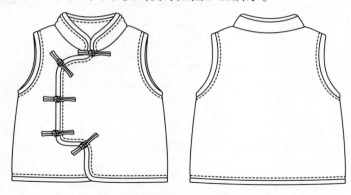

图2-23　女童中式马甲款式设计图

2．原辅材料

（1）三层夹棉面料，面、里料采用纯棉针织面料，柔软舒适不起静电，夹层聚酯纤维，蓬松保暖。

（2）立领、袖窿和底摆起绒针织面料。

（3）5组布带盘扣。

3．成衣尺寸

适合婴幼儿穿着的成衣规格73/44、80/48、90/52，基准测量部位和参考尺寸如表2-12所示。

表2-12　女童中式马甲成衣规格表　　　　　　　　　　　单位：cm

规格 \ 名称	衣长	胸围	肩宽	袖窿深
73/44	31	56	22	14
80/48	33	60	23	15
90/52	35	64	24	16

4．结构制图

身高80cm女童中式马甲结构制图如图2-24所示。

5．制图与工艺说明

（1）采用比例法制图，后片胸围尺寸为胸围/4（15cm），前片胸围尺寸为胸围/2（30cm）。

（2）领口宽6.5cm，后领深1.5cm，前领深6.5cm，落肩1cm。

（3）偏襟位置在右前片，偏襟宽7.5cm，细节部位尺寸见图2-24所示。

（4）门、里襟中式盘扣系结，具体位置如图2-24所示。

（5）立领宽1.5cm，前中心起翘1cm。

（6）各部位绒条宽1cm。

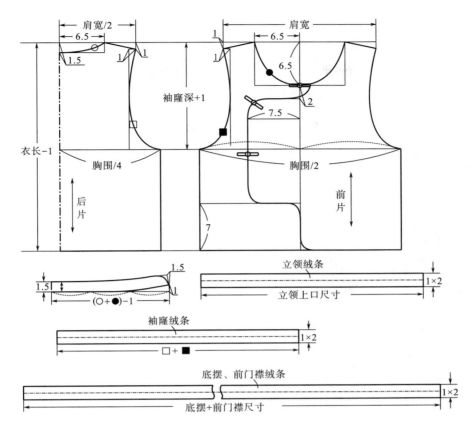

图2-24　女童中式马甲结构制图

第五节　披风

　　披风是穿在其他衣服之外的无袖的宽松外衣，也称"斗篷"，长度根据款式和婴幼儿的年龄进行调节，面料多种多样，既可采用机织面料，也可采用针织面料，既可做成单的，也可做成棉的。

一、短披肩

1. 款式特点

　　春秋款小披肩，带帽，帽不可拆卸，前中心系扣，方便穿脱；下摆系扣灵活调节衣袖与衣身；前胸装饰设计萌趣可爱。该款式适合女婴幼儿穿着。短披肩款式设计如图2-25所示。

2. 原辅材料

　　（1）三层夹棉面料，面料和里料采用纯棉针织面料，柔软舒适不起静电，夹层聚酯纤维，蓬松保暖。

　　（2）纽扣采用5粒彩色树脂四眼扣。

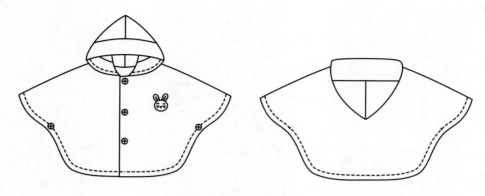

图2-25　短披肩款式设计图

3. 成衣尺寸

适合婴幼儿穿着的成衣规格80/48、100/56，基准测量部位和参考尺寸如表2-13所示。

表2-13　短披肩成衣规格表　　　　　　　　　　　　　　单位：cm

规格 ＼ 名称	衣长	肩袖长	帽高	帽宽
80/48	42	33	26	21
100/56	48	37	27	22

4. 结构制图

身高80cm婴幼儿短披肩结构制图如图2-26所示。

5. 制图与工艺说明

（1）采用比例法制图，后衣长42cm，后领宽7.5cm，后领高2cm，后落肩6cm。

（2）肩袖长33cm，袖中线和肩线倾斜角度相同，下摆弧形，下摆垂直于肩袖和后中心，肩袖线下17cm钉纽扣，距后中心21cm处起弧。

（3）前领宽等于后领宽，前领深7.5cm，前落肩5cm，前、后肩袖长相等。

（4）帽子采用反方向肩线折叠法，以侧颈点为对位点拼合前后衣片；做帽下口线，帽下口线与领口等长；做帽体辅助长方形；做帽顶及后中心弧线，帽顶在前中心下落1cm；前脸弧线凹1.2cm；做分割线，分割线宽5cm。

二、长斗篷

1. 款式特点

婴幼儿冬季加厚斗篷，带帽，帽不可拆卸，前中心开口，领部2粒扣搭接；肩部分割线，分割线处夹缝荷叶边。穿着舒适方便，适合外出。长斗篷款式设计如图2-27所示。

2. 原辅材料

（1）面料和里料均为素色天鹅绒面料，亲肤、保暖、柔软、舒适。

（2）夹层面料为聚酯纤维，蓬松保暖。

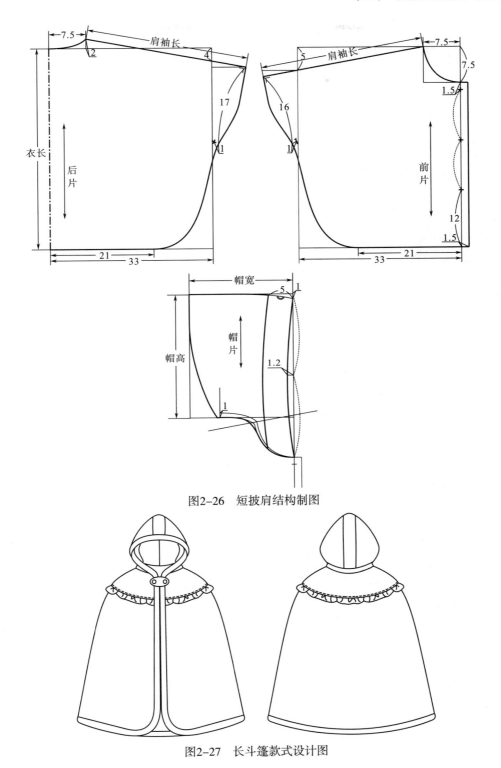

图2-26　短披肩结构制图

图2-27　长斗篷款式设计图

（3）纽扣采用2粒彩色树脂四眼扣。

3. 成衣尺寸

适合婴幼儿穿着的成衣规格100/56，基准测量部位和参考尺寸如表2-14所示。

表2-14　长斗篷成衣规格表　　　　　　　　　　　　　　　　　单位：cm

规格＼名称	衣长	下摆	肩宽	帽高	帽宽
100/56	60	80	27	28	24

4. 结构制图

身高80~100cm婴幼儿长斗篷结构制图如图2-28所示。

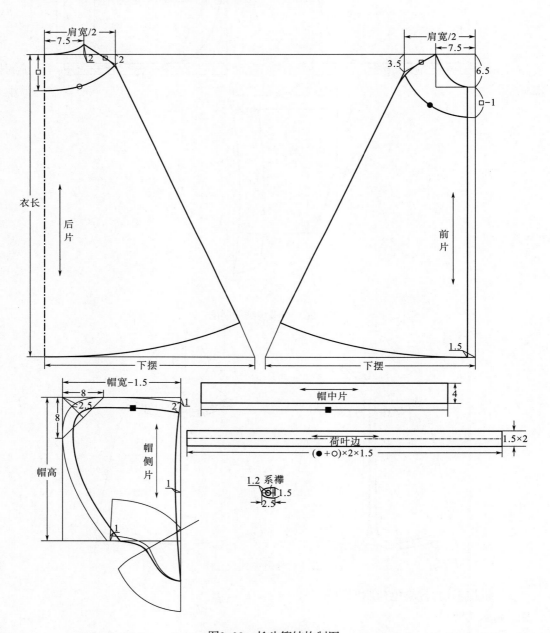

图2-28　长斗篷结构制图

5.　制图与工艺说明

（1）采用比例法制图，后衣长60cm，后领宽7.5cm，后领高2cm，后落肩4cm。

（2）前领宽等于后领宽，前领深6.5cm，前落肩3.5cm，前、后肩袖长相等。

（3）分割线在肩宽处，前、后片尺寸相等，前中心分割线尺寸为后片尺寸−1cm。

（4）帽子为贴体型帽子，帽中片的宽度为4cm。

（5）荷叶边宽度为1.5cm，长为分割线长度的1.5倍。

第六节　卫衣

卫衣来源于英文Sweater的说法，指厚的针织运动衣、长袖运动休闲衫，衣身与袖子的松量都较大，面料一般较厚，常用的有针织毛圈布、针织起绒布等，袖口与下摆紧缩有弹性，所以采用含有氨纶的弹性罗纹织物。卫衣款式有套头式、开襟拉链式、开襟纽扣式等，衣长可长可短，融合舒适与时尚等特性，成为儿童着装的首选。

一、套头卫衣

1.　款式特点

春秋套头卫衣，插肩袖设计，衣领、袖口、下摆罗纹口，防风保暖；插肩线处开口系扣，方便穿脱；前片分割设计，卡通小汽车贴布图案，充满童趣。套头卫衣款式设计如图2-29所示。

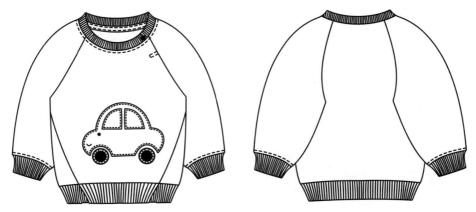

图2-29　套头卫衣款式设计图

2.　原辅材料

（1）主面料采用95%的棉5%的氨纶针织毛圈织物，柔软亲肤不变形，舒适透气。

（2）罗纹口采用棉加氨纶1+1针织罗纹面料，弹性好。

（3）纽扣采用1粒彩色树脂按扣。

3.　成衣尺寸

适合婴幼儿穿着的成衣规格80/48、90/52、100/56，基准测量部位和参考尺寸如表2-15

所示。

表2-15 套头卫衣成衣规格表 单位：cm

规格＼名称	衣长	胸围	袖长	袖口宽
80/48	32	62	33	6.5
90/52	36	66	36	6.5
100/56	40	70	39	6.5

4. 结构制图

身高100cm婴幼儿套头卫衣结构制图如图2-30所示。

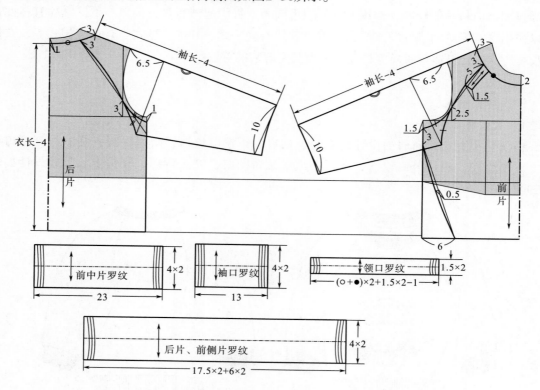

图2-30 套头卫衣结构制图

5. 制图与工艺说明

（1）采用原型法制图，胸围加放14cm松量，和原型尺寸相等。

（2）前、后领宽在原型领口基础上加宽3cm，后领深加深1cm，前领深加深2cm。

（3）自颈侧点测量袖长，袖山高6.5cm，前、后袖拼接，无袖中线。

（4）前、后领部插肩位置均距袖中线3cm，后身袖交叉点在背宽线上，距胸围线3cm，前身袖交叉点在胸宽线上，距胸围线2.5cm。

（5）前片分割线位置：侧缝线上点距腋下点3cm，底摆点距侧缝线6cm，微弧处理。

（6）领口罗纹宽1.5cm，袖口、底摆罗纹宽4cm。

（7）门襟开口在前片插肩线处，长5cm，宽1.5cm。

二、拉链卫衣

1. 款式特点

前中心拉链卫衣，装袖，内贴袋设计，袋口、袖口、底摆绳边，有帽不可拆卸，帽子萌趣，小熊装饰更显宝宝活力。拉链卫衣款式设计如图2-31所示。

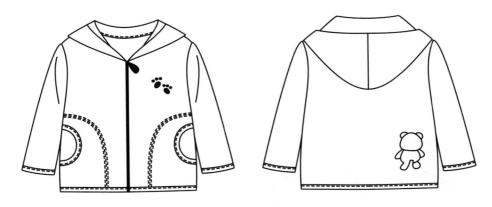

图2-31　拉链卫衣款式设计图

2. 原辅材料

（1）全棉抓绒针织面料，柔软舒适。

（2）树脂开尾彩色拉链1根。

3. 成衣尺寸

适合婴幼儿穿着的成衣规格80/48、90/52、100/56，基准测量部位和参考尺寸如表2-16所示。

表2-16　套头卫衣成衣规格表　　　　　　　　　　　　　　　　单位：cm

规格＼名称	衣长	胸围	肩宽	袖长	袖口宽	头围
80/48	32	62	22.5	26	8	45
90/52	36	66	24	29	9	47
100/56	40	70	25.5	32	10	49

4. 结构制图

身高100cm婴幼儿拉链卫衣结构制图如图2-32所示。

5. 制图与工艺说明

（1）采用原型法制图，胸围加放14cm松量，和原型尺寸相等，下摆展开1cm。

（2）前、后领宽在原型领口基础上加宽1.5cm，后领深保持不变，前领深加深2cm，后

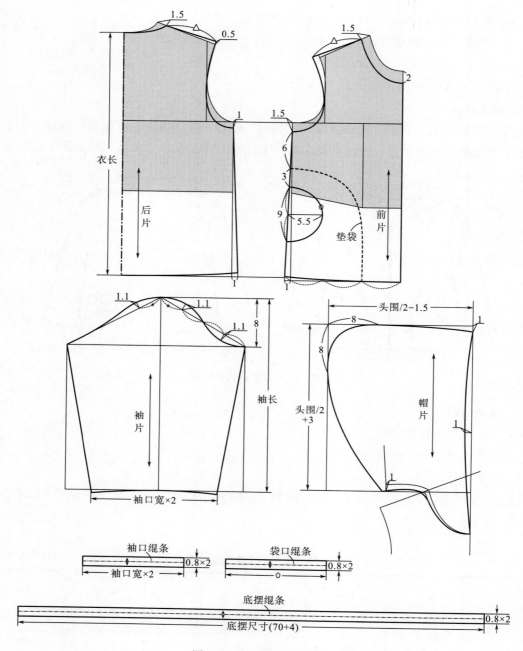

图2-32 拉链卫衣结构制图

袖窿开深1cm，前袖窿开深1.5cm。

（3）口袋垫袋位置侧缝线处在腋下6cm，底摆处在底摆前三分之一处；口袋口大小9cm，宽5.5cm。

（4）袖山高8cm。

（5）帽宽为头围/2-1.5cm，帽高为头围/2+3cm。

（6）各部位绲条宽均为0.8cm。

第七节　夹克

夹克指衣长较短、胸围宽松、袖口衣摆收紧的上装，具有较强的活动机能，适合1周岁以上的幼儿穿着。

幼儿夹克结构细节变化较多，衣领形式有立领、连翻领、背帽领等，袖型多见插肩袖，也可为装袖等。根据季节的不同，夹克有单、棉夹克等。

一、背帽单夹克

1. 款式特点

适合男女儿童的宽松连帽单夹克，装袖，袖口和下摆处缂罗纹口，前片育克和弧形分割线设计，分割线处暗插袋，图案装饰。背帽单夹克款式设计如图2-33所示。

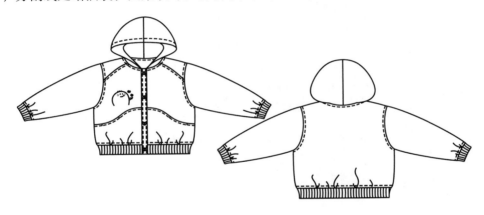

图2-33　背帽单夹克款式设计图

2. 原辅材料

（1）面料采用机织平纹纯棉面料，舒适不起静电。

（2）罗纹口采用1+1针织棉加氨纶面料，弹性好。

（3）前门襟4粒四眼树脂扣。

3. 成衣尺寸

适合婴幼儿穿着的成衣规格80/48、90/52、100/56，基准测量部位和参考尺寸如表2-17所示。

表2-17　背帽单夹克成衣规格表　　　　　　　　　单位：cm

名称 规格	衣长	胸围	袖长	袖口宽
80/48	33	64	33	6.5
90/52	36	68	36	6.5

名称 规格	衣长	胸围	袖长	袖口宽
100/56	39	72	39	7

4. 结构制图

身高90cm婴幼儿背帽单夹克结构制图如图2-34所示。

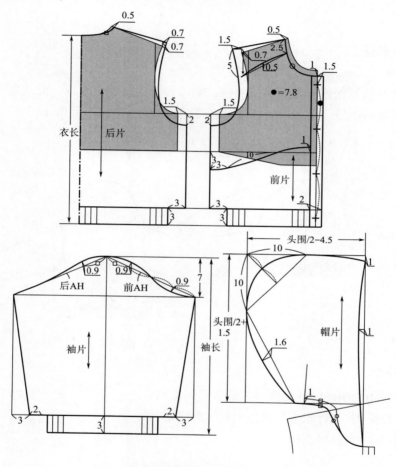

图2-34　背帽单夹克结构制图

5. 制图与工艺说明

（1）采用原型法制图，胸围加放20cm松量，前、后片在原型基础上加放1.5cm，前、后袖窿开深2cm。

（2）前、后领宽在原型领口基础上加宽0.5cm，后领深不变，前领深加深1.5cm。

（3）肩线抬高0.7cm，后肩加宽0.7cm，前、后肩宽尺寸基本相等。

（4）前肩育克领口处宽度2.5cm，袖窿处宽度5cm。

（5）腰部弧线前中心处在腰围上1cm，侧缝处腰围线下3cm。

（6）袋口长10cm，袋口距侧缝3cm。

（7）明门襟宽2cm。

（8）袖山高7cm。

（9）袖摆、底摆罗纹宽3cm。

（10）帽宽为头围/2-4.5cm，帽高为头围/2+1.5cm。

二、棉夹克

1. 款式特点

1~2周岁幼儿棉夹克，插肩袖设计增加活动的方便性；前中心拉链，领口、袖口、底摆罗纹设计；前片带袋盖口袋，后片卡通装饰。棉夹克衫款式设计如图2-35所示。

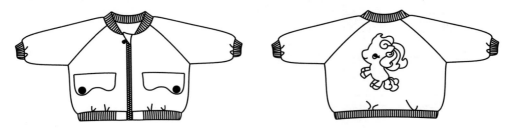

图2-35　棉夹克款式设计图

2. 原辅材料

（1）面料采用化纤抓绒面料。

（2）里料采用纯棉针织布，柔软舒适。

（3）中间絮片层采用喷胶棉。

（4）罗纹口采用1+1针织罗纹面料，弹性好。

（5）拉链采用树脂开尾彩色拉链。

（6）纽扣采用2粒彩色树脂按扣。

3. 成衣尺寸

适合婴幼儿穿着的成衣规格80/48、90/52，基准测量部位和参考尺寸如表2-18所示。

表2-18　棉夹克衫成衣规格表　　　　　　　　　　　单位：cm

规格＼名称	衣长	胸围	袖长	袖口宽
80/48	33	64	33	6.5
90/52	36	68	36	6.5

4. 结构制图

身高90cm婴幼儿棉夹克衫结构制图如图2-36所示。

5. 制图与工艺说明

（1）采用原型法制图，胸围加放16cm松量，前、后片在原型基础上加放0.5cm。

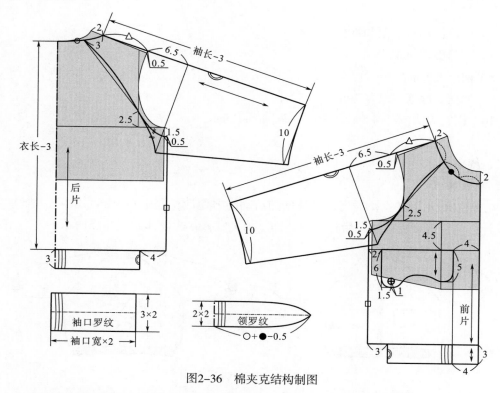

图2-36　棉夹克结构制图

（2）前、后领宽在原型领口基础上加宽2cm，后领深不变，前领深加深2cm。

（3）自颈侧点测量袖长，袖山高6.5cm，前、后袖拼接，无袖中线。

（4）前、后领部插肩位置：后片距袖中线3cm，后身袖交叉点在背宽线上距胸围线2.5cm，前片领部插肩线位置在前领弧的上三分之一处，前身袖交叉点在胸宽线上，距胸围线2.5cm。

（5）口袋距胸围线4.5cm，距前中线4cm，距侧缝线2cm。

（6）领口罗纹宽2cm，袖口、底摆罗纹宽3cm。

第八节　外套

外套又称作外衣，是穿在最外层的服装。婴幼儿外套的主要特点是保暖、方便、休闲、随意，面料多采用纯棉机织斜纹、纯棉针织毛圈、化纤抓绒等面料。

一、牛仔外套

1. 款式特点

适合男女儿童穿着的牛仔外套，前开襟单排扣设计，经典连翻领，两片袖带袖克夫，前、后片过肩设计，前片分割线，分割线下夹缝袋盖，袋盖下暗袋设计，全身缉明线装饰，金属扣提升款式的硬朗感。牛仔外套款式设计如图2-37所示。

2. 原辅材料

（1）采用纯棉牛仔面料。

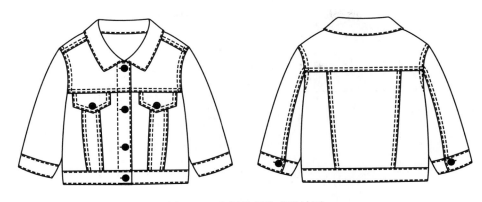

图2-37　牛仔外套款式设计图

（2）前门襟、袖克夫、袋盖均采用金属色树脂纽扣，增加舒适感。

3. 成衣尺寸

适合婴幼儿穿着的成衣规格80/48、90/52、100/56，基准测量部位和参考尺寸如表2-19所示。

表2-19　牛仔外套成衣规格表　　　　　　　　　　　　单位：cm

名称 规格	衣长	胸围	袖长	袖口宽
80/48	32	60	28	8
90/52	34	64	31	9
100/56	36	68	34	10

4. 结构制图

身高100cm婴幼儿牛仔外套结构制图如图2-38所示。

5. 制图与工艺说明

（1）采用原型法制图，胸围加放14cm松量，保持原型松量不变。

（2）前、后领宽在原型领口基础上加宽1cm，后领深不变，前领深加深0.5cm。

（3）后肩线在肩点处抬高0.5cm，后肩线加长0.5cm，前肩点抬高0.5cm，前后肩线长度相等。

（4）前、后袖窿均开深1cm。

（5）前过肩宽2cm，后过肩为距肩点7cm的水平线。

（6）后片分割线上端距后中心线10cm，下端距后中心线7.5cm。

（7）搭门宽1.5cm，面料厚度量0.5cm。

（8）前胸分割线为水平线，距胸围线2cm。

（9）口袋宽9cm，距前袖窿线1.5cm。

（10）前片分割片中心线在口袋中心线处，上端宽3cm，下端宽3cm，中心宽度4cm。

（11）袖山高7cm，袖片分割线与后过肩宽度相等。

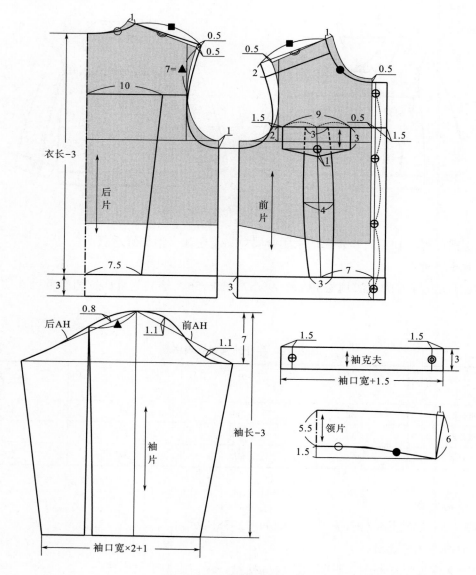

图2-38　牛仔外套结构制图

（12）后领宽5.5cm，前领宽6cm。

（13）底摆、袖克夫宽度均为3cm。

二、呢子外套

1. 款式特点

　　女童格子大衣，前开襟单排扣设计，纽扣用本色布包裹；经典连翻领，两片袖；前片自前领口到侧缝弧形分割，前片分割线与后片分割线相对应，分割线下抽碎褶；前片插袋设计。呢子外套款式设计如图2-39所示。

2. 原辅材料

（1）面料采用纯毛和聚酯纤维混纺呢绒面料。

图2-39　呢子外套款式设计图

（2）里料采用聚酯纤维里料。

（3）纽扣为树脂材质，用面料本色布包裹。

3. 成衣尺寸

适合婴幼儿穿着的成衣规格80/48、90/52、100/56，基准测量部位和参考尺寸如表2-20所示。

表2-20　呢子外套成衣规格表　　　　　　单位：cm

名称 规格	衣长	胸围	袖长	袖口宽
80/48	45	64	29	9.5
90/52	47.5	68	32	10.5
100/56	50	72	35	11.5

4. 结构制图

身高100cm婴幼儿呢子外套结构制图如图2-40所示。

5. 制图与工艺说明

（1）采用原型法制图，在原型胸围基础上加放2cm松量，每四分之一片增加0.5cm。

（2）前、后领口宽在原型领口基础上加宽2cm，前、后领深分别加深1cm。

（3）后肩线在肩点处抬高0.5cm，后肩线加长1cm，前肩点抬高0.5cm，前、后肩线长度相等。

（4）前、后袖窿均开深2cm。

（5）分割线位置在侧缝二分之一处，后片分割线在三分之一处剪切平行加量3cm。

（6）前片搭门宽1.5cm，面料厚度量0.5cm。

（7）前片弧形分割线领口处距前中心线5.5cm，侧缝处和后片位置相等，距侧缝4cm处剪切加量，剪切线间距4cm，剪切加量3cm。

（8）第一粒扣距领口1.5cm，最后一粒扣距下摆20cm。

（9）两片袖设计，袖山高9cm，大小袖互补量2cm。

（10）前、后领宽均为6.5cm，前领弧线形，领下弯量1.5cm。

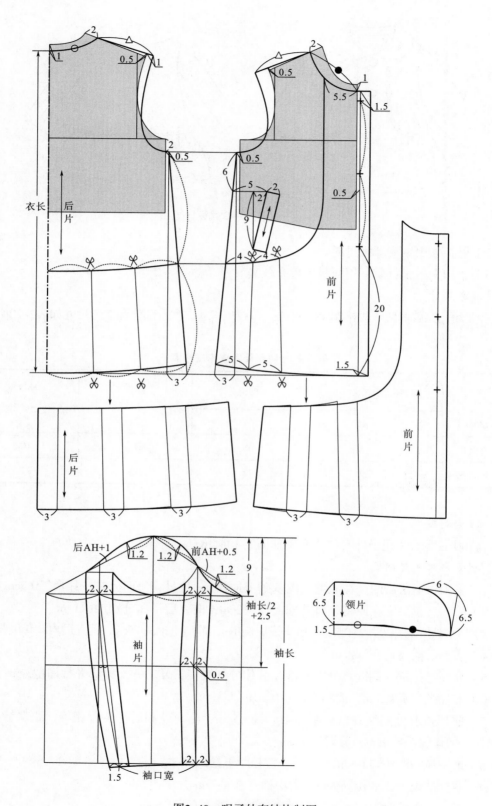

图2-40　呢子外套结构制图

第三章　婴幼儿裤装设计与制板

婴幼儿裤装设计的基本原则是舒适、方便、童趣可爱，并符合这一年龄段的生理和心理特征。婴幼儿裤装的形式多种多样，有各种款式的普通裤装，也有有利于婴幼儿腹部发育的背带裤和连身裤。

第一节　开裆长裤

开裆裤是婴幼儿典型的裤装形式，方便婴儿的大小便，也方便成人为其更换尿布。开裆裤宽松舒适，多采用纯棉针织面料。

一、夏季大开裆单裤

1. 款式特点

婴儿针织大开裆单裤，腰部抽橡筋，方便穿脱，裆部1+1罗纹绲边设计，罗纹裤口边，穿着方便、舒适、柔软。夏季大开裆单裤款式设计如图3-1所示。

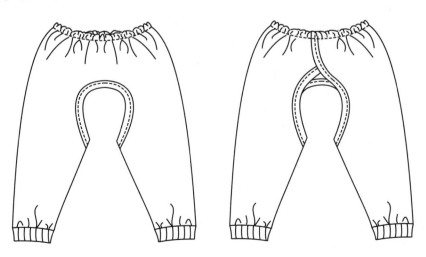

图3-1　夏季大开裆单裤款式设计图

2. 原辅材料

（1）面料采用100%彩棉针织汗布，柔软、舒适、无污染，并有一定弹性。

（2）脚口罗纹和裆部绲边采用纯棉1+1罗纹。

（3）腰部合适宽度细橡筋。

3. 成衣尺寸

适合的婴儿成衣规格59/41、66/44、73/47，基准测量部位和参考尺寸如表3-1所示。

表3-1　夏季大开裆单裤成衣规格表

单位：cm

名称 规格	裤长	腰围	臀围	前直裆长	后直裆长	裤口宽
59/41	35	38	53	10.5	8.5	7
66/44	38	41	56	11	9	8
73/47	41	44	59	11.5	9.5	9

4. 结构制图

身高66cm婴儿夏季大开裆单裤结构制图如图3-2所示。

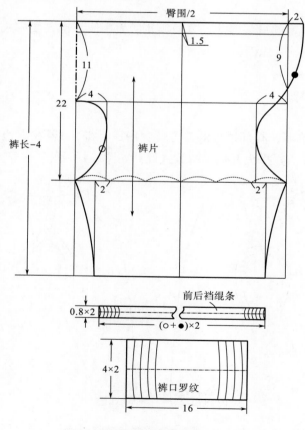

图3-2　夏季大开裆单裤结构制图

5. 制图与工艺说明

（1）前、后片连裁结构，无侧缝线。

（2）两后片后中心搭接量2cm。

（3）腰头宽1.5cm，里面连裁。

（4）裆部开口深22cm，前直裆长11cm，后直裆长9cm。

（5）裆部开口处绲边，绲边宽0.8cm。

（6）脚口罗纹宽4cm，里面连裁，长16cm。

二、冬季开裆棉裤

1. 款式特点

宝宝彩棉保暖棉裤，左、右前片交叉重叠增加保暖性，前中腰部布带扣扣合；弧形大开裆设计，裆部绲边，穿上尿布不会紧绷，方便、柔软、舒适；罗纹脚口增加保暖性。该款式适合6个月以内的婴儿穿着。冬季开裆棉裤款式设计如图3-3所示。

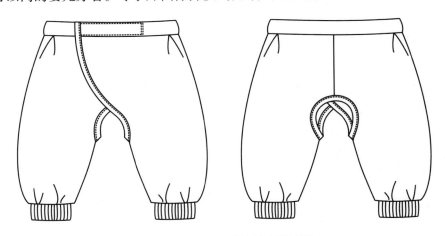

图3-3　冬季开裆棉裤款式设计图

2. 原辅材料

（1）面料、里料均采用100%彩棉针织汗布，柔软、舒适、无污染，并有一定弹性。

（2）中间层采用100%聚酯纤维，蓬松性、可洗性好。

（3）脚口罗纹和裆部绲边采用1+1罗纹。

（4）腰部前中心采用布带扣扣合，3粒树脂四合扣，方便扣系。

3. 成衣尺寸

适合6个月以内婴儿的成衣规格52/41、59/44、66/47，基准测量部位和参考尺寸如表3-2所示。

表3-2　冬季开裆棉裤成衣规格表　　　　　　　　　　　　单位：cm

名称 规格	裤长	腰围	臀围	立裆	裤口宽
52/41	32	40	59	21	9
59/44	36	43	62	22	10
66/47	40	46	65	23	11

4. 结构制图

身高59cm婴儿冬季开裆棉裤结构制图如图3-4所示。

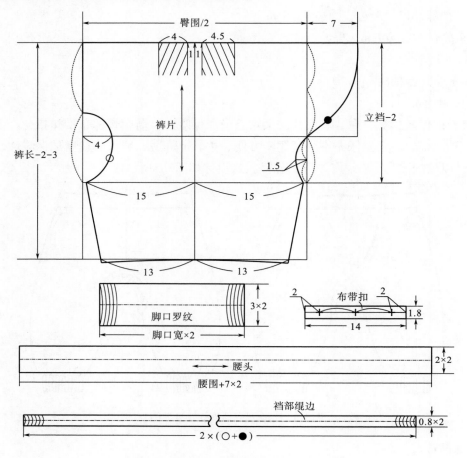

图3-4 冬季开裆棉裤结构制图

5. 制图与工艺说明

（1）前、后片连裁结构，无侧缝线。

（2）两前片前中心搭接量7cm，腰头里搭接处缝带有四合扣的布带，3粒扣扣合，扣间距5cm，第1粒扣距开口处2cm。

（3）腰头宽2cm，里面连裁，腰头与裤片绱缝时侧缝基础线前后打褶，两褶量尺寸之和为腰口与腰头尺寸之差。

（4）后裆开口为腰口至横裆的二分之一处，前裆开口为腰口至横裆的下三分之一处，裆部开口处绲边，绲边宽0.8cm。

（5）脚口罗纹宽3cm，里面连裁。

三、两用裆加厚高腰裤

1. 款式特点

宝宝加厚保暖高腰棉裤，腰部宽罗纹保暖、舒适、有弹性；两用裆方便根据需要沿线开裆；罗纹脚口增加保暖性。该款式适合3周岁以内的婴幼儿穿着。两用裆加厚高腰裤款式设计如图3-5所示。

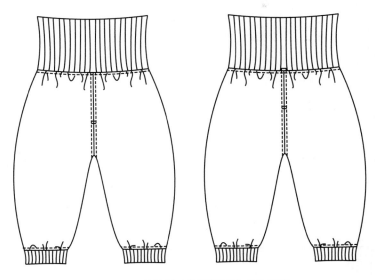

图3-5　两用裆加厚高腰裤款式设计图

2. 原辅材料

（1）面料、里料采用100%纯棉舒适精梳棉面料，柔软、舒适、无污染，并有一定弹性。

（2）中间层采用100%聚酯纤维，蓬松性、可洗性好。

（3）腰部和脚口罗纹采用纯棉1+1罗纹针织面料，柔软舒适。

3. 成衣尺寸

适合1周岁以内婴儿的成衣规格66/41、73/44、80/47，基准测量部位和参考尺寸如表3-3所示。

表3-3　两用裆加厚高腰裤成衣规格表　　　　　　　单位：cm

规格＼名称	裤长	腰围	臀围	立裆	裤口宽
66/41	46	36	56	24	10
73/44	49	39	59	25	11
80/47	52	42	62	26	12

4. 结构制图

身高66cm婴儿两用裆加厚高腰裤结构制图如图3-6所示。

5. 制图与工艺说明

（1）前、后片连裁结构，无侧缝线。

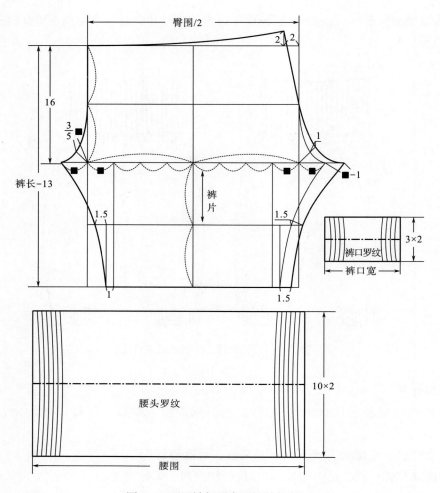

图3-6　两用裆加厚高腰裤结构制图

（2）小裆宽为前臀围/4，小裆凹量为在角分线上取小裆宽×3/5，起弧点在腰围线至横裆线的二分之一处。

（3）前裤口尺寸=前臀围×3/4+1cm，中裆尺寸=裤口尺寸+1.5cm。

（4）后裆斜2cm，起翘2cm，后裆宽=前裆宽+前裆宽−1cm，落裆0.5cm。

（5）后裤口尺寸=前裤口尺寸+1.5cm，后中裆尺寸=后裤口尺寸+1.5cm。

（6）腰头罗纹宽10cm，里面连裁。

（7）裤口罗纹宽3cm，里面连裁。

第二节　外穿裤

婴幼儿外穿裤是指保型性较好，可以穿在正式场合的裤装。

一、女童直筒七分裤

1. 款式特点

宽松设计，腰部松紧腰头，松弛有度，前片斜插袋，后片贴袋，左插袋与后贴袋卡通图案，尽显宝宝甜美可爱，裤脚弧形荷叶边设计。该款式适合1～3周岁的幼儿穿着，女童直筒七分裤款式设计如图3-7所示。

图3-7 女童直筒七分裤款式设计图

2. 原辅材料

（1）面料采用100%纯棉牛仔面料，柔软、舒适。

（2）腰头内合适宽度的橡筋。

3. 成衣尺寸

适合的幼儿的成衣规格80/47、90/50、100/53，基准测量部位和参考尺寸如表3-4所示。

表3-4 女童直筒七分裤成衣规格表　　　　　　　　　单位：cm

名称 规格	裤长	腰围	臀围	立裆	裤口宽
80/47	39	41	60	19	15
90/50	44	44	65	20	16
100/53	49	47	70	21	17

4. 结构制图

身高100cm女童直筒七分裤结构制图如图3-8所示。

5. 制图与工艺说明

（1）前、后臀围尺寸分别为臀围/4，前腰围尺寸为臀围/4，后腰围尺寸为臀围/4-1cm。

（2）小裆宽取4cm。

（3）前裤口尺寸为裤口宽-1cm，中裆尺寸为裤口尺寸+1cm。

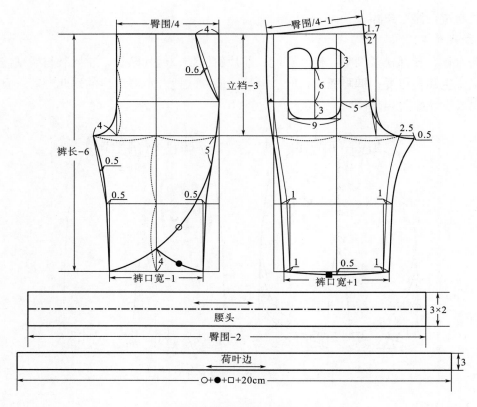

图3-8 女童直筒七分裤结构制图

（4）侧缝至内缝弧线起自横裆下5cm，与裤中线相交于裤口上4cm；裤中线至侧缝处弧线起自裤口上4cm，两条弧线相交于裤中线。

（5）前斜插袋口宽4cm，长至臀围线处。

（6）后裆斜为2cm，起翘1.7cm，后裆宽为前裆宽+2.5cm，落裆0.5cm。

（7）后裤口尺寸为裤口宽+1cm，后中裆尺寸为后裤口尺寸+1cm。

（8）后贴袋宽9cm，长9cm，袋口装饰3cm。

（9）腰头宽3cm，长为臀围尺寸-2cm，里面连裁。

（10）裤口荷叶边宽3cm，长为裤口弧线长+20cm。

二、婴幼儿PP裤

1. 款式特点

较宽松春秋连腰PP裤，腰部宽橡筋；立裆尺寸较大，前、后裆连裁，满足儿童活动的需要；后裆部动物造型贴布萌趣可爱。该款式适合2周岁以内的婴幼儿穿着，婴幼儿PP裤款式设计如图3-9所示。

2. 原辅材料

（1）采用三线卫衣起绒面料，保暖、柔软、舒适。

（2）腰头内合适宽度的橡筋。

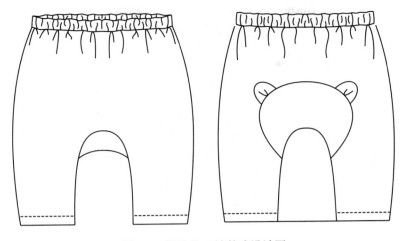

图3-9 婴幼儿PP裤款式设计图

3. 成衣尺寸

适合的婴幼儿的成衣规格73/44、80/47、90/50，基准测量部位和参考尺寸如表3-5所示。

表3-5 婴幼儿PP裤成衣规格表　　　　　　　　　　单位：cm

名称 规格	裤长	腰围	臀围	立裆
73/44	41	41	59	21
80/47	44	44	62	22
90/50	51	47	65	23

4. 结构制图

身高80cm婴幼儿PP裤结构制图如图3-10所示。

5. 制图与工艺说明

（1）前、后臀围尺寸分别为臀围/4。

（2）自横裆向上取6cm，宽3.5cm做前裆弧线。

（3）前裤口尺寸为臀围/4-4cm。

（4）自横裆向上取12.5cm为后裆长，后裆宽7cm。

（5）腰头宽2.5cm，连腰。

（6）在后裆弧线基础上做裆片，延长后裆片2cm，长度与前裆长度相等，后裆最宽处向下做反向弧，长度相等。

（7）猫耳装饰片宽3cm，长3.5cm。

三、幼儿哈伦裤

1. 款式特点

休闲卡通哈伦裤，加宽弧形裆部，穿着舒适，卡通图案印花萌趣生动，罗纹口裤脚，弹

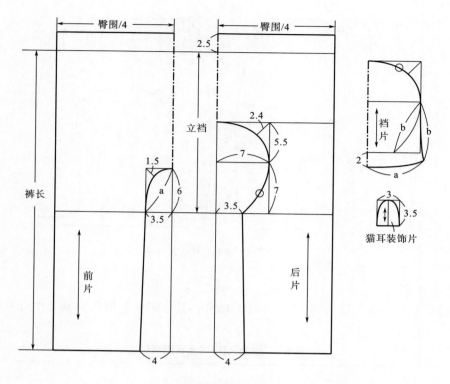

图3-10 婴幼儿PP裤结构制图

力舒适，腰部松紧腰头，松弛有度。该款式适合1～3周岁的幼儿穿着，幼儿哈伦裤款式设计如图3-11所示。

2. 原辅材料

（1）采用棉加氨纶针织面料，柔软、弹力、舒适。

（2）腰头内合适宽度的橡筋。

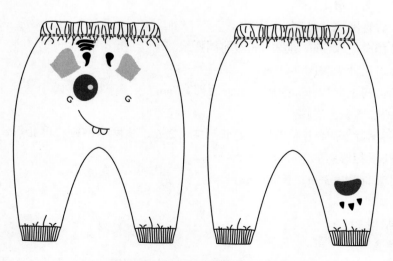

图3-11 幼儿哈伦裤款式设计图

3. 成衣尺寸

适合的幼儿的成衣规格80/47、90/50、100/53，基准测量部位和参考尺寸如表3-6所示。

表3-6 幼儿哈伦裤成衣规格表　　　　　　　　　单位：cm

名称 规格	裤长	腰围	臀围	立裆	裤口宽
80/47	42	42	69	22	12
90/50	49	45	74	23	13
100/53	56	48	79	24	14

4. 结构制图

身高80cm幼儿哈伦裤结构制图如图3-12所示。

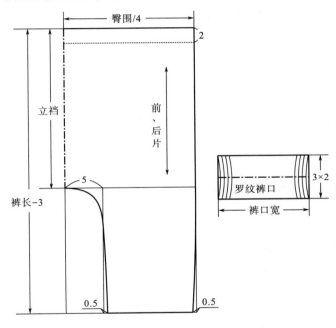

图3-12 幼儿哈伦裤结构制图

5. 制图与工艺说明

（1）前、后片相同，前、后臀围尺寸分别为臀围/4。

（2）前、后裆宽均取5cm。

（3）裤口尺寸为臀围/4-5cm-1cm。

（4）罗纹裤口宽3cm，里面连裁。

四、幼儿起绒棉裤

1. 款式特点

韩版起绒棉裤，腰部罗纹，内穿橡筋，前中装饰绳系带，方便实用；两用裆设计，开合方便；插袋设计，方便储存小物件；罗纹裤脚收边，松紧适中。款式适合1～3周岁的幼儿穿着，幼儿起绒棉裤款式设计如图3-13所示。

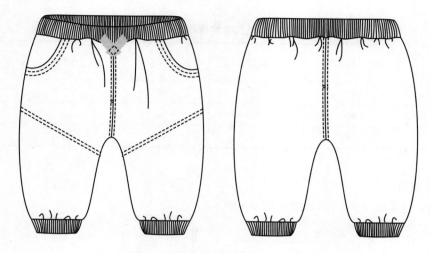

图3-13　幼儿起绒棉裤款式设计图

2. 原辅材料

（1）采用三线卫衣起绒面料，保暖、柔软、舒适。

（2）腰头和脚口罗纹针织面料。

（3）腰头内合适宽度的橡筋。

3. 成衣尺寸

适合的幼儿的成衣规格80/47、90/50、100/53，基准测量部位和参考尺寸如表3-7所示。

表3-7　幼儿起绒棉裤成衣规格表　　　　　　　　单位：cm

名称 规格	裤长	腰围	臀围	立裆	裤口宽
80/47	44	42	58	23	12
90/50	51	45	63	24	13
100/53	58	48	68	25	14

4. 结构制图

身高80cm幼儿起绒棉裤结构制图如图3-14所示。

5. 制图与工艺说明

（1）前、后臀围尺寸分别为臀围/4，前腰围尺寸为臀围/4，后腰围尺寸为臀围/4–0.5cm。

（2）小裆宽取前臀/4。

（3）前裤口尺寸为3×前臀/4，中裆尺寸为在裤口尺寸基础上两侧各加1.2cm。

（4）袋口宽5cm，袋口深至立裆深的上三分之一。

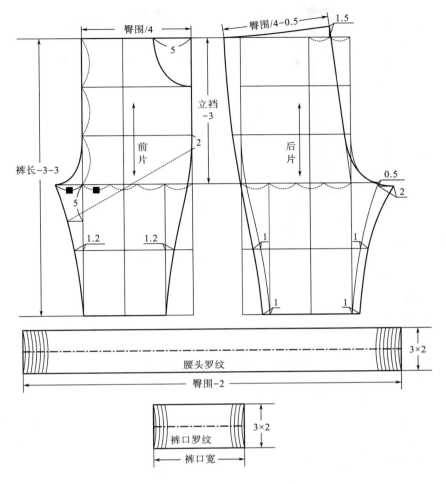

图3-14 幼儿起绒棉裤结构制图

（5）后裆斜在裤中线至后中辅助线的二分之一处，起翘1.5cm，后裆宽为前裆宽+2cm，落裆0.5cm。

（6）后裤口尺寸为前裤口宽+2cm，后中裆尺寸为前中裆尺寸+2cm。

（7）罗纹腰头宽3cm，长为臀围尺寸-2cm，里面连裁。

（8）罗纹裤口宽3cm，长为裤口宽，里面连裁。

五、防蚊灯笼裤

1. 款式特点

轻薄凉爽的防蚊裤，宽松舒适，连腰，腰部抽橡筋，束口裤脚封闭防蚊，左侧缝拼接并有印花装饰。款式适合2~3周岁的幼儿穿着，防蚊灯笼裤款式设计如图3-15所示。

2. 原辅材料

（1）采用竹节棉面料，柔软、吸湿、透气。

（2）腰头和脚口内合适宽度的橡筋。

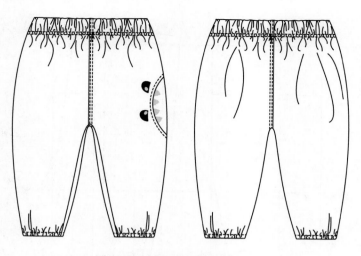

图3-15　防蚊灯笼裤款式设计图

3. 成衣尺寸

适合的幼儿的成衣规格90/50、100/53，基准测量部位和参考尺寸如表3-8所示。

表3-8　防蚊灯笼裤成衣规格表　　　　　　　　　　单位：cm

规格 ＼ 名称	裤长	腰围	臀围	立裆	裤口宽
90/50	46	45	66	21	15
100/53	52	48	71	22	16

4. 结构制图

身高90cm的幼儿防蚊灯笼裤结构制图如图3-16所示。

5. 制图与工艺说明

（1）前、后臀围尺寸分别为臀围/4，前腰围尺寸为臀围/4，后腰围尺寸为臀围/4-1cm，腰头宽2.5cm。

（2）小裆宽取前臀围/4。

（3）前裤口尺寸为裤口宽-1cm，中裆尺寸为在裤口尺寸基础上两侧各加1cm。

（4）袋口宽3cm，上袋口止点在臀围线上4cm，下袋口止点在横裆线下2cm。

（5）后裆斜在裤中线至后中辅助线的二分之一处，起翘1.5cm，后裆宽为前裆宽+2.5cm，落裆0.5cm。

（6）后裤口尺寸为裤口宽+1cm，后中裆尺寸为前中裆尺寸+2cm。

六、喇叭裤

1. 款式特点

女童牛仔弹力喇叭裤，罗纹腰头，罗纹内收橡筋，前门襟假开口，穿着舒适方便，斜插袋设计，后片贴袋。款式适合2~3周岁的幼儿穿着，喇叭裤款式设计如图3-17所示。

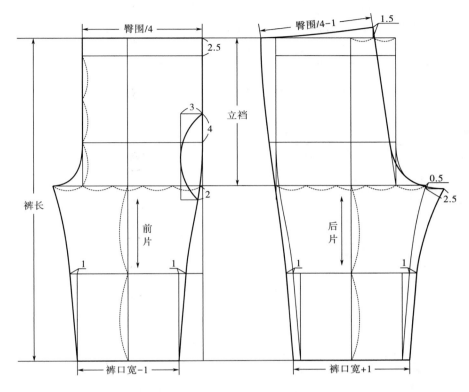

图3-16　防蚊灯笼裤结构制图

图3-17　喇叭裤款式设计图

2. 原辅材料

（1）面料采用弹力牛仔布，穿着舒适。

（2）腰头内合适宽度的橡筋。

3. 成衣尺寸

适合的幼儿的成衣规格90/50、100/53，基准测量部位和参考尺寸如表3-9所示。

表3-9 喇叭裤成衣规格表

单位：cm

名称 规格	裤长	腰围	臀围	立裆	裤口宽
90/50	50	45	66	21	17
100/53	56	48	71	22	18

4. 结构制图

身高90cm的幼儿喇叭裤结构制图如图3-18所示。

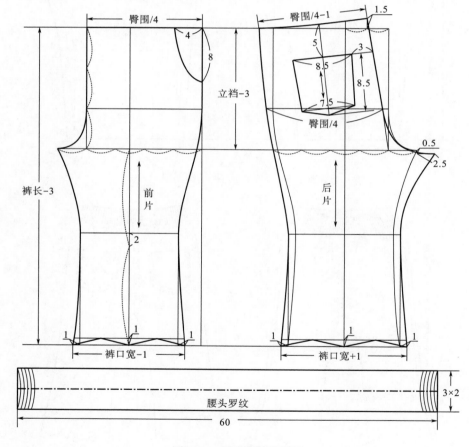

图3-18 喇叭裤结构制图

5. 制图与工艺说明

（1）前、后臀围尺寸分别为臀围/4，前腰围尺寸为臀围/4，后腰围尺寸为臀围/4-1cm。

（2）小裆宽取前臀/4。

（3）前裤口尺寸为裤口宽-1cm，中裆尺寸为在裤口尺寸基础上两侧各减1cm。

（4）斜插袋口宽4cm，袋口深8cm。

（5）后裆斜在裤中线至后中辅助线的二分之一处，起翘1.5cm，后裆宽为前裆宽+2.5cm，落裆0.5cm。

（6）后裤口尺寸为裤口宽+1cm，后中裆尺寸为后裤口尺寸−2cm。

（7）后贴袋宽8.5cm，长8.5cm，距腰口5cm，距后中线3cm。

（8）罗纹腰头宽3cm，长60cm。

七、牛仔加绒棉裤

1. 款式特点

经典款加绒牛仔裤，罗纹腰头设计，罗纹内收橡筋，前门襟假开口，前身平插袋，右袋有表袋，前裤身可爱绣花，后裤身臀部弧形分割，有贴布绣花，裤长略长，脚口可翻边。款式适合2~3周岁的幼儿穿着，牛仔加绒棉裤款式设计如图3-19所示。

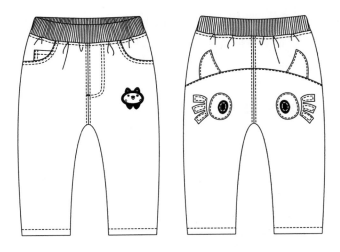

图3-19 牛仔加绒棉裤款式设计图

2. 原辅材料

（1）面料采用弹力牛仔布，里料采用聚酯起绒面料，柔软、舒适。

（2）腰头罗纹采用1+1针织罗纹面料，罗纹内有合适宽度的橡筋。

3. 成衣尺寸

适合的幼儿的成衣规格90/50、100/53，基准测量部位和参考尺寸如表3-10所示。

表3-10 牛仔加绒棉裤成衣规格表　　　　　　单位：cm

名称 规格	裤长	腰围	臀围	立裆	裤口宽
90/50	54	45	68	22	14
100/53	60	48	73	23	15

4. 结构制图

身高90cm的幼儿牛仔加绒棉裤结构制图如图3-20所示。

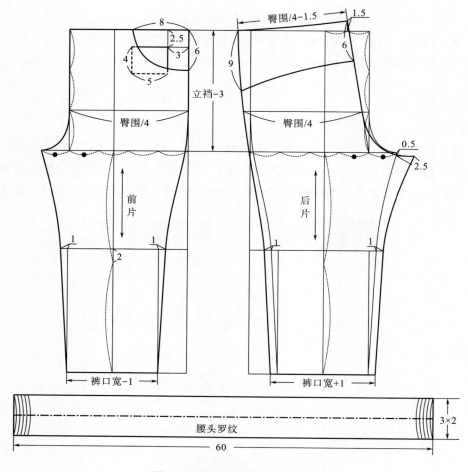

图3-20　牛仔加绒棉裤结构制图

5. 制图与工艺说明

（1）前、后臀围尺寸分别为臀围/4，前腰围尺寸为臀围/4，后腰围尺寸为臀围/4-1.5cm。

（2）小裆宽取前臀/4。

（3）前裤口尺寸为裤口宽-1cm，中裆尺寸为在裤口尺寸基础上两侧各加1cm。

（4）平插袋宽8cm，袋口深6cm。

（5）表袋尺寸4 cm×5cm，距侧缝3cm，距腰口2.5cm。

（6）后裆斜在裤中线至后中辅助线的二分之一处，起翘1.5cm，后裆宽为前裆宽+2.5cm，落裆0.5cm。

（7）后裤口尺寸为裤口宽+1cm，后中裆尺寸为后裤口尺寸+2cm。

（8）后片弧形分割线距腰口处距离：后中心6cm，侧缝9cm。

（9）罗纹腰头宽3cm，长60cm。

第三节 连体裤

连体裤是指裤子和衣身相连的服装，连体裤既能适合婴幼儿凸出的腹部，增强其舒适性，又能增加腹部的保暖性，是婴幼儿阶段最常见的服装之一。按照季节的不同，连体裤可做成单的、夹的、棉的。

一、婴儿包屁衣

1. 款式特点

宝宝纯棉夏季包屁裤，搭肩设计，方便穿脱；可全开的裆部按扣，有助于给宝宝更换尿布；卡通图案凸显宝宝可爱的天性。该款式适合1周岁以内的婴幼儿穿着。婴儿包屁衣款式设计如图3-21所示。

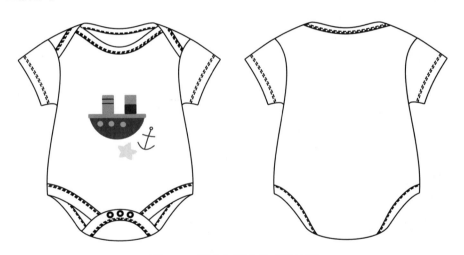

图3-21 婴儿包屁衣款式设计图

2. 原辅材料

（1）衣身采用100%纯棉薄型针织棉毛布。

（2）领、肩、裆部采用1+1纯棉针织罗纹面料。

（3）纽扣均采用树脂四合扣，方便舒适。

3. 成衣尺寸

适合1周岁以内婴儿的成衣规格66/40、73/44、80/48，基准测量部位和参考尺寸如表3-11所示。

表3-11 婴儿包屁衣成衣规格表 单位：cm

名称 规格	衣长	胸围	臀围	袖长	总肩宽	袖隆深
66/41	41	48	54	9	20.5	13.5

名称 规格	衣长	胸围	臀围	袖长	总肩宽	袖窿深
73/44	43	52	58	10	22	14
80/47	45	56	62	11	23.5	14.5

4. 结构制图

身高73cm的婴儿包屁衣结构制图如图3-22所示。

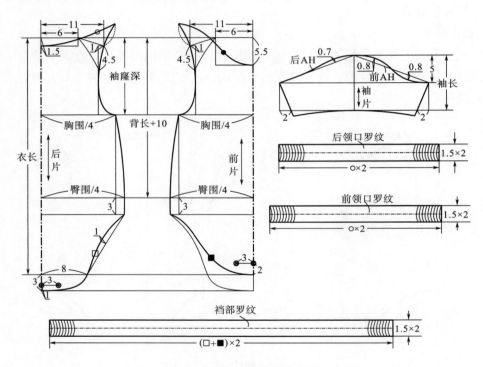

图3-22 婴儿包屁衣结构制图

5. 制图与工艺说明

（1）前、后领宽均为6cm，后领深1.5cm，前领深5.5cm。

（2）肩宽为总肩宽/2（11cm），落肩1.5cm，前、后肩线长度相等。

（3）前、后肩搭接4.5cm，前、后领口弧和搭接量顺接。

（4）横裆线位置为背长+10cm，后裆比前裆长3cm。

（5）前、后裆均至横裆线下3cm处起弧，后裆部宽于前裆部。

（6）后片扣位距后裆底1cm，前片扣位距前裆底2cm，扣间距3cm。

（7）前、后领口及裆部罗纹宽1.5cm。

（8）袖山高5cm，前、后袖口在袖肥基础上各收进2cm。

二、夏季连体裤

1. 款式特点

宝宝棉纱夏季连体裤，单排扣设计，立体卡通领前片加飘带，萌趣可爱，裆部按扣设计，方便更换尿布，脚口松紧设计，舒适不勒脚。该款式适合1周岁以内的婴儿穿着。夏季连体裤款式设计如图3-23所示。

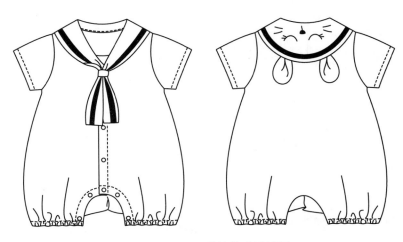

图3-23　夏季连体裤款式设计图

2. 原辅材料

（1）面料、里料均采用100%彩棉机织棉纱面料，自然、亲肤、无污染。

（2）纽扣均采用树脂四合扣，方便舒适。

3. 成衣尺寸

适合1周岁以内婴儿的成衣规格66/40、73/44、80/48，基准测量部位和参考尺寸如表3-12所示。

表3-12　夏季连体裤成衣规格表　　　　　　　　　　　　　　　单位：cm

名称 规格	衣长	胸围	臀围	袖长	总肩宽	袖隆深
66/41	45	52	66	10	21.5	14
73/44	48	56	70	11	23	14.5
80/47	51	60	74	12	24.5	15

4. 结构制图

身高73cm婴儿夏季连体裤结构制图如图3-24所示。

5. 制图与工艺说明

（1）采用比例法制图，前、后领宽均为5.5cm，后领深1.5cm，前领深6.2cm，搭门宽1cm。

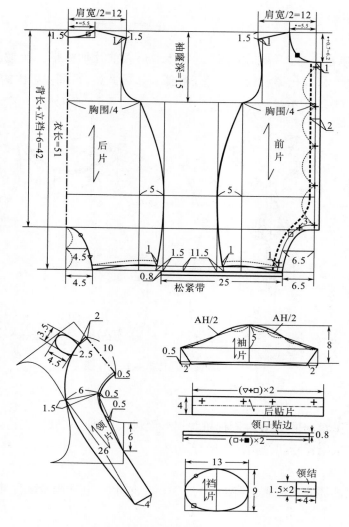

图3-24　夏季连体裤结构制图

（2）肩宽为总肩宽/2，落肩1.5cm，前、后肩线长度相等。

（3）开裆线位置为背长+立裆尺寸+6cm，每四分之一片臀围尺寸为胸围尺寸+5cm。

（4）前、后裆片均缝至下裆缝二分之一处，前、后裤片缝合长度和裆片长度相等。

（5）前中心贴边和前裆贴边连裁，宽2cm。

（6）扁领制图中肩部重叠量1.5cm，后领片宽度10cm，肩部宽度6cm，飘带过前领下6cm，自肩缝处长26cm，宽4cm。

（7）后贴边长度和对应部位长度相等，扣位和前片贴边扣位对应。

（8）裆片长9cm，宽13cm，和前、后片对应部位尺寸相等。

（9）袖山高5cm，前、后袖口在袖肥基础上各收进2cm。

（10）领装饰片宽3.5cm，高4.5cm。

三、春秋季连体裤

1. 款式特点

薄夹棉春秋哈衣，单排扣设计，扁领，前胸弧形分割，档部按扣，加档设计，袖口、裤口罗纹边口。该款式适合1周岁以内的婴儿穿着。春秋季连体裤款式设计如图3-25所示。

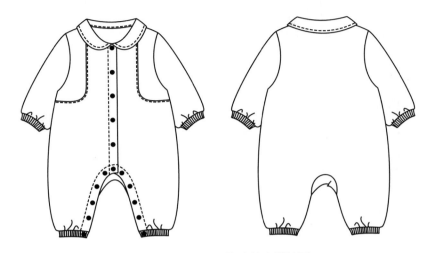

图3-25　春秋季连体裤款式设计图

2. 原辅材料

（1）面料、里料均采用100%彩棉针织汗布，柔软、舒适、无污染，并有一定弹性。

（2）中间层采用100%聚酯纤维，蓬松性、可洗性好。

（3）16粒树脂四合扣，方便扣系。

3. 成衣尺寸

适合1周岁以内婴儿的成衣规格66/40、73/44、80/48，基准测量部位和参考尺寸如表3-13所示。

表3-13　春秋季连体裤成衣规格表　　　　　　　　　　　　　　　　单位：cm

名称\规格	衣长	胸围	臀围	袖长	总肩宽	袖窿深	领口宽	袖口宽
66/40	56	54	62	24	22	14	5.6	8.5
73/44	61	58	66	26	23	14.5	5.8	8.5
80/48	66	62	70	28	24	15	6	8.5

4. 结构制图

身高80cm婴儿春秋季连体裤结构制图如图3-26所示。

5. 制图与工艺说明

（1）采用比例法制图，前、后片胸围尺寸均为胸围/4。

（2）前、后领宽均为6cm，后领深1.5cm，前领深6.7cm，搭门宽0.75cm。

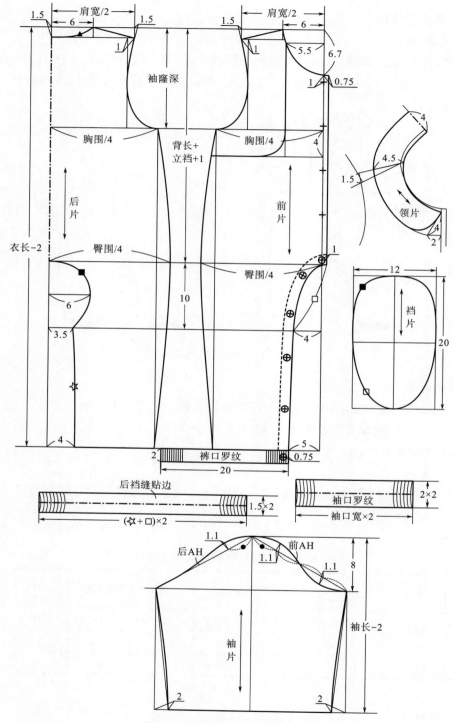

图3-26 春秋季连体裤结构制图

（3）肩宽为总肩宽/2，落肩1.5cm，前后肩线长度相等。

（4）开裆线位置为背长+立裆尺寸+1cm。

（5）裆深10cm，后裆宽6cm，后裆圆弧和裆片相应位置尺寸相等，后裆贴边宽1.5cm，双折连裁。

（6）前胸弧线位置距前中心5.5cm，距胸围线4cm。

（7）裆片宽12cm，长20cm。

（8）袖山高8cm，前、后袖口在袖肥基础上各收进2cm。

（9）前、后扁领宽4cm，侧缝处宽4.5cm。

（10）罗纹袖口、脚口宽2cm，里面连裁。

四、冬季连体裤

1. 款式特点

三层夹棉冬季哈衣，右肩至裆部弧线形开口设计，裆部按扣前后裆扣合，领口罗纹绲边，袖口、裤口散口设计。该款式适合1周岁以内的婴儿穿着。冬季连体裤款式设计如图3-27所示。

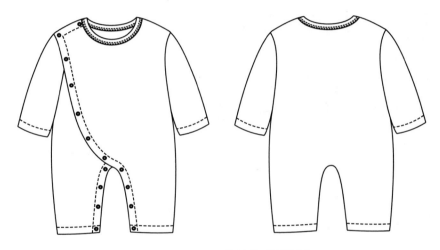

图3-27　冬季连体裤款式设计图

2. 原辅材料

（1）面料、里料均采用100%彩棉针织汗布，柔软、舒适、无污染，并有一定弹性。

（2）领口绲边采用1+1针织罗纹面料。

（3）中间层采用100%聚酯纤维，蓬松性、可洗性好。

（4）15粒树脂四合扣，方便扣系。

3. 成衣尺寸

适合1周岁以内婴儿的成衣规格66/40、73/44、80/48，基准测量部位和参考尺寸如表3-14所示。

表3-14　冬季连体裤成衣规格表　　　　　　　　　　　　　　　单位：cm

名称　规格	衣长	胸围	臀围	袖长	总肩宽	袖窿深	领口宽	袖口宽
66/40	58	58	68	24	25	14.5	5.6	8.5

续表

名称规格	衣长	胸围	臀围	袖长	总肩宽	袖窿深	领口宽	袖口宽
73/44	63	62	72	26	26	15	5.8	8.5
80/48	68	66	76	28	27	15.5	6	8.5

4. 结构制图

身高80cm婴儿冬季连体裤结构制图如图3-28所示。

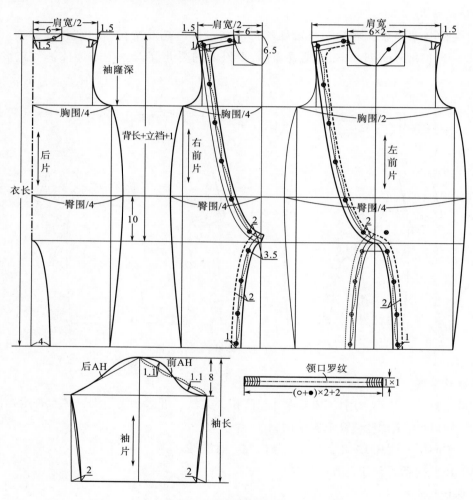

图3-28 冬季连体裤结构制图

5. 制图与工艺说明

（1）采用比例法制图，前、后胸围尺寸均为胸围/4，前、后臀围尺寸均为臀围/4。

（2）前、后领宽均为6cm，后领深1.5cm，前领深6.5cm。

（3）肩宽为总肩宽/2，落肩1.5cm，前后肩线长度相等。

（4）横裆线位置为背长+立裆尺寸+1cm。

（5）横裆线下10cm处开裆。

（6）裤口宽度为后中心收进4cm至侧缝位置。

（7）前片弧线形门襟设计，左片大襟，自右肩部经裆部至左脚口位置，贴边宽2cm，门襟中心位置钉四合扣。右片底襟，弧线形门襟和大襟相同。

（8）领口罗纹宽1cm，长为领口弧长+2cm。

（9）袖山高8cm，前、后袖口在袖肥基础上各收进2cm。

第四节　短裤

短裤从款式上可分为内裤和外穿短裤，外穿短裤又可分为西服短裤、运动短裤和居家穿着的休闲短裤。短裤种类不同，使用的面料也不相同，婴幼儿期主要使用各种纯棉面料。

一、女童内裤

1. 款式特点

女童纯棉内裤，弹力腰头，柔软贴身；舒适脚口，透气不闷热；网纱内层裆部，吸湿透气；裤口荷叶边设计，漂亮可爱。该款式适合1周岁以内的婴幼儿穿着。女童内裤款式设计如图3-29所示。

2. 原辅材料

（1）衣身采用100%精梳纯棉薄型针织棉毛布。

（2）裆部采用纯棉脱脂网纱。

3. 成衣尺寸

适合1周岁以内婴儿的成衣规格73/44、80/47，基准测量部位和参考尺寸如表3-15所示。

图3-29　女童内裤款式设计图

表3-15　女童内裤成衣规格表　　　　　　单位：cm

规格＼名称	裤长	腰围	臀围
73/44	18	35	57
80/47	20	38	60

4. 结构制图

身高80cm女童内裤结构制图如图3-30所示。

5. 制图与工艺说明

（1）前、后片臀围均为臀围/2。

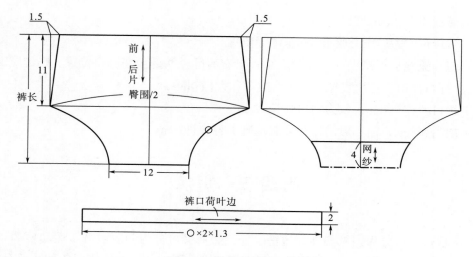

图3-30　女童内裤结构制图

（2）臀围线距腰围线11cm。

（3）裆宽12cm。

（4）自臀围线起弧做大腿根部弧线。

（5）腰围尺寸比臀围小3cm。

（6）网纱长8cm，前后片连裁。

（7）荷叶边宽2cm，长为腿围的1.3倍。

二、男童内裤

1. 款式特点

男童基本款贴身小内裤，前片分片增加穿着舒适性，前裆部有省，腰部抽橡筋。该款式适合1~3周岁的幼儿穿着。男童内裤款式设计如图3-31所示。

图3-31　男童内裤款式设计图

2. 原辅材料

衣身及裆部均采用100%精梳纯棉薄型针织棉毛布。

3. 成衣尺寸

适合1～3周岁幼儿的成衣规格80/47、90/50、100/53，基准测量部位和参考尺寸如表3-16所示。

表3-16　男童内裤成衣规格表

单位：cm

规格 \ 名称	裤长	腰围	臀围
80/47	20	38	58
90/50	21	41	63
100/53	22	44	68

4. 结构制图

身高100cm男童内裤结构制图如图3-32所示。

5. 制图与工艺说明

（1）前、后片侧缝相连。

（2）横裆线距腰围线为裤长-3cm，前裆比后裆短2cm。

（3）裆宽8cm，前裆省长6cm，省大0.8cm。

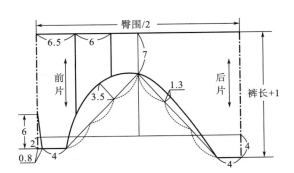

图3-32　男童内裤结构制图

（4）侧缝宽7cm，自侧缝点分别向前、后裆做弧线。

（5）前片分割线距前中心线6.5cm，两条分割线间距6cm。

三、开裆平脚裤

1. 款式特点

适合男女童的平脚短裤，腰部收橡筋，弹力舒适；裆部开裆，绲边设计；提花面料，轻薄透气、舒适亲肤。该款式适合1周岁以内的婴儿穿着。开裆平脚裤款式设计如图3-33所示。

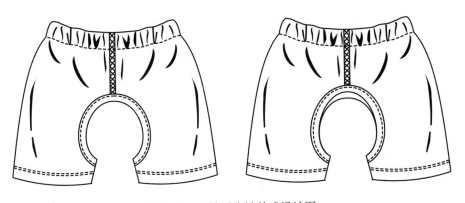

图3-33　开裆平脚裤款式设计图

2．原辅材料

（1）衣身采用100%精梳纯棉薄型提花针织面料，吸湿透气。

（2）裆部绲边采用100%纯棉罗纹面料。

（3）腰部合适宽度的细橡筋。

3．成衣尺寸

适合1周岁以内婴儿的成衣规格66/41、73/44、80/47，基准测量部位和参考尺寸如表3-17所示。

表3-17 开裆平脚裤成衣规格表   单位：cm

规格 ＼ 名称	裤长	腰围	臀围
66/41	24	34	56
73/44	25	37	59
80/47	26	40	62

4．结构制图

身高80cm婴儿开裆平脚裤结构制图如图3-34所示。

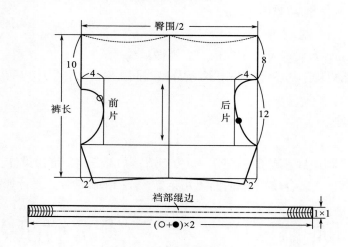

图3-34 开裆平角裤结构制图

5．制图与工艺说明

（1）前、后片侧缝相连。

（2）裆长12cm，前直裆长10cm，后直裆长8cm，裆宽4cm。

（3）裤口宽度为臀围/2-4cm。

（4）裆部绲边宽1cm，长为前、后裆弧线长度。

四、夏季PP裤

1. 款式特点

适合男女童的PP裤，腰部收橡筋，弹力舒适；后片拼接、卡通图案装饰趣味可爱；宽松裤脚不束缚宝宝腿部。该款式适合1～3岁的幼儿穿着。夏季PP裤款式设计如图3-35所示。

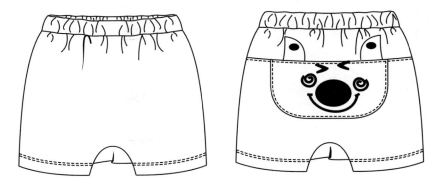

图3-35 夏季PP裤款式设计图

2. 原辅材料

（1）衣身采用100%精梳纯棉薄型针织面料，吸湿透气。

（2）腰部合适宽度细橡筋。

3. 成衣尺寸

适合1～3岁的幼儿成衣规格80/47、90/50、100/53，基准测量部位和参考尺寸如表3-18所示。

表3-18 夏季PP裤成衣规格表

单位：cm

规格＼名称	裤长	腰围	臀围
80/47	28	39	66
90/50	30	42	69
100/53	32	46	72

4. 结构制图

身高90cm幼儿夏季PP裤结构制图如图3-36所示。

5. 制图与工艺说明

（1）前后片臀围均为臀围/2。

（2）裆线距腰围线为裤长－腰头宽（2cm）－5cm。

（3）裆宽6cm。

（4）侧缝线起翘0.5cm，裤口处收进1cm。

（5）后片分割线距腰围线8cm，口袋口宽18cm，口袋深10cm。

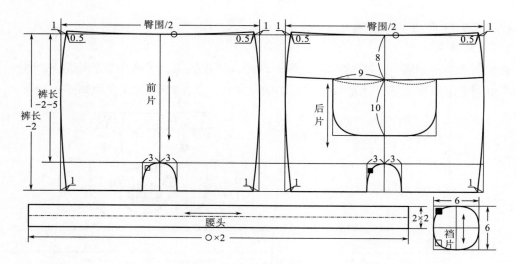

图3-36　夏季PP裤结构制图

（6）腰头宽2cm，长等于腰口尺寸，里面连裁。

（7）裆片宽6cm，长10cm，裆片弧长尺寸与前、后片裆部尺寸相同。

五、背带短裤

1. 款式特点

适合男女童的背带短裤，可调节的肩带设计增加穿着时的舒适性与合体性；松紧脚口设计增加腿部的保暖性；立体卡通图案装饰趣萌可爱。该款式适合1~3周岁的幼儿穿着。背带短裤款式设计如图3-37所示。

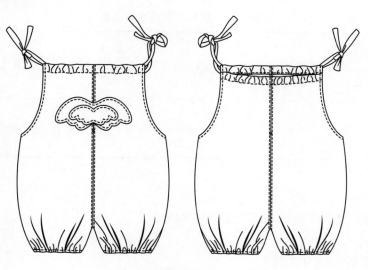

图3-37　背带短裤款式设计图

2. 原辅材料

（1）衣身采用100%纯棉薄型牛仔机织面料，吸湿、透气、柔软。

（2）背带采用衣身同种面料。

（3）脚口处合适宽度细橡筋。

3. 成衣尺寸

适合1~3周岁的幼儿的成衣规格80/47、90/50、100/53，基准测量部位和参考尺寸如表3-19所示。

表3-19　背带短裤成衣规格表　　　　　　　　　　　　　单位：cm

规格＼名称	裤长	胸围	腰围	脚口宽（收橡筋后）
80/47	39	61	65	12
90/50	41	64	68	13
100/53	43	67	71	14

4. 结构制图

身高90cm幼儿背带短裤结构制图如图3-38所示。

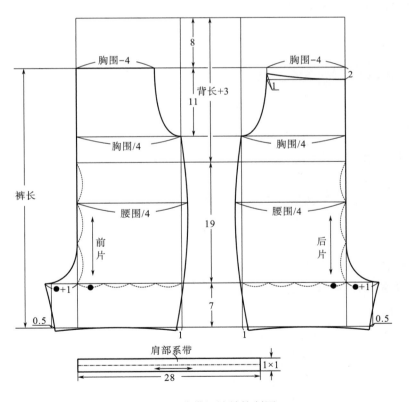

图3-38　背带短裤结构制图

5. 制图与工艺说明

（1）前、后片胸围尺寸均为胸围/4，前、后片臀围尺寸均为臀围/4。

（2）挡胸位置距肩部8cm，挡胸宽为胸围-4cm，后中心下落2cm。

（3）挡胸长11cm。

（4）自肩部向下取背长+3cm为腰围线位置，向下取19cm为横裆线。

（5）前、后片裆宽相等，均为胸围/4/4+1cm。

（6）系带长28cm，宽1cm，里面连裁。

第五节　裙裤

裙裤是裤子的简单形式，是裙子的复杂结构，在结构设计中保持了裤子的横裆结构，在造型上追求裙子的简单风格，对于活泼好动的婴幼儿非常适合。

一、裙式短裤

1. 款式特点

女童裙式短裤，短裤结构，穿着舒适，荷叶边裙片娇柔可爱；腰头内收橡筋，柔软贴身；腰口蝴蝶结设计，精致可爱。该款式适合1～3周岁的幼儿穿着。裙式短裤款式设计如图3-39所示。

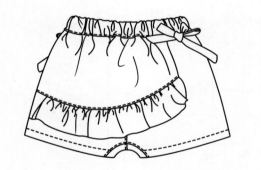

图3-39　裙式短裤款式设计图

2. 原辅材料

（1）衣身采用棉与黏胶纤维混纺的机织面料。

（2）腰头内宽度合适的橡筋。

3. 成衣尺寸

适合1～3岁幼儿的成衣规格80/47、90/50、100/53，基准测量部位和参考尺寸如表3-20所示。

表3-20　裙式短裤成衣规格表　　　　　　　　　　　　　单位：cm

规格 \ 名称	裤长	腰围	臀围
80/47	22	41	65

续表

规格 ＼ 名称	裤长	腰围	臀围
90/50	24	44	68
100/53	26	47	71

4. 结构制图

身高90cm女童裙式短裤结构制图如图3-40所示。

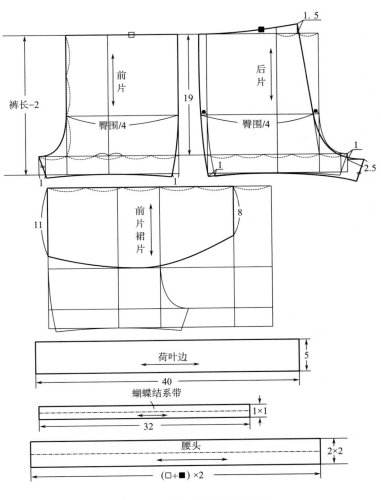

图3-40　裙式短裤结构制图

5. 制图与工艺说明

（1）前、后片臀围均为臀围/4。

（2）立裆深21cm（含腰头）。

（3）前裆宽为前臀围/4。

（4）后裆斜为后中辅助线到裤中线的二分之一处至后中辅助线与横裆线的交点，起翘

1.5cm，落裆1cm，后裆宽在前裆宽基础上加2.5cm。

（5）前裙片右侧长11cm，左侧长8cm，宽至左裤片三分之二处。

（6）荷叶边宽5cm，长40cm。

（7）蝴蝶结系带长32cm，宽1cm。

（8）腰头宽2cm，长为前、后腰口尺寸。

二、裙裤

1. 款式特点

女童宽松裙裤，裤腰抽橡筋，松紧适度；腹部与臀部弧形分割，分割线下抽褶，穿着宽松舒适；腰口处蝴蝶结显示孩子活泼可爱。该款式适合1～3岁的幼儿穿着。裙裤款式设计如图3-41所示。

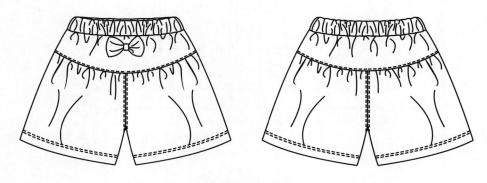

图3-41　裙裤款式设计图

2. 原辅材料

（1）衣身采用棉与黏胶纤维混纺机织面料。

（2）腰头内宽度合适的橡筋。

3. 成衣尺寸

适合1～3周岁幼儿的成衣规格80/47、90/50、100/53，基准测量部位和参考尺寸如表3-21所示。

表3-21　裙裤成衣规格表　　　　　　　　　　　　　　　　单位：cm

名称 规格	裤长	腰围	臀围
80/47	24	41	63
90/50	26	44	68
100/53	28	47	73

4. 结构制图

身高90cm女童裙裤结构制图如图3-42所示。

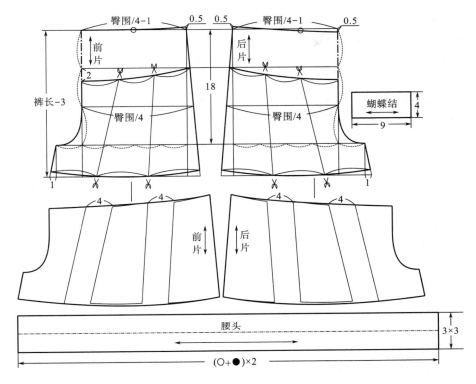

图3-42　裙裤结构制图

5．制图与工艺说明

（1）前、后片臀围均为臀围/4，前、后片腰围均为臀围/4-1cm。

（2）立裆深21cm（含腰头）。

（3）前裆宽为前臀围/4。

（4）后中心下落0.5cm，前、后裆宽相等。

（5）前后中心分割线在腰围线至横裆线的上三分之一线下2cm，侧缝处在上三分之一线上。

（6）前、后裆展开量1cm，连接侧缝腰围点和侧缝臀围点，下摆处自然展开。

（7）剪切加量的位置在分割线和底摆线的三分之一处，展开量4cm。

（8）腰头宽3cm，长为腰口尺寸。

第六节　隔尿裤

隔尿裤用于固定尿片，是婴幼儿成长过程中不可缺少的用品，适用于1周岁以内的婴儿。

一、隔尿裤

1. 款式特点

天然彩棉隔尿裤，魔术贴黏合可随意调节腰围大小，四周采用精致的绲边工艺，穿着舒适方便。该款式适合1周岁以内的婴儿穿着。隔尿裤款式设计如图3-43所示。

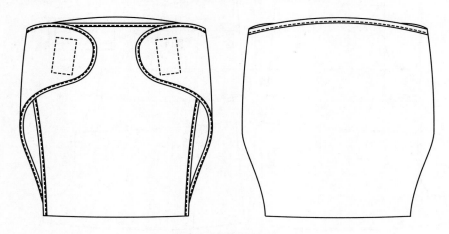

图3-43　隔尿裤款式设计图

2. 原辅材料

（1）衣身采用天然彩棉针织棉毛布。

（2）四周绲边采用1+1针织罗纹面料。

（3）合适尺寸的魔术贴。

3. 成衣尺寸

适合1周岁以内婴儿的隔尿裤型号S、M、L，基准测量部位和参考尺寸如表3-22所示。

表3-22　隔尿裤成衣规格表　　　　　　　　　　　　　单位：cm

规格 ＼ 名称	总长	上宽	下宽	挡宽
S	37	36	16	13
M	39	39	17	13
L	41	42	18	13

4. 结构制图

M码婴儿隔尿裤结构制图如图3-44所示。

5. 制图与工艺说明

（1）挡宽居于上、下宽的中心位置。

（2）腰部围边宽7cm，边缘弧线。

（3）魔术贴距下边宽2cm，长和挡宽相等。

（4）绲条长为边缘轮廓长度，宽为0.8cm。

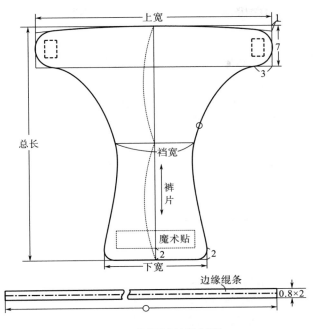

图3-44　隔尿裤结构制图

二、高腰隔尿裤

1. 款式特点

彩棉系扣隔尿裤，罗纹高腰设计，保护婴儿腹部不着凉；纽扣设计操作方便；四周精致绲边，穿着舒适方便。该款式适合1周岁以内的婴儿穿着。高腰隔尿裤款式设计如图3-45所示。

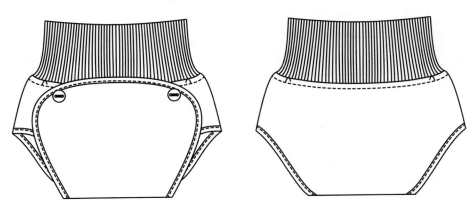

图3-45　高腰隔尿裤款式设计图

2. 原辅材料

（1）表层和里层均为天然彩棉。

（2）腰头为棉加氨纶1+1针织罗纹。

（3）中间层TPU防水透气膜。

（4）2粒两眼树脂扣。

3. 成衣尺寸

适合1周岁以内婴儿的隔尿裤型号S、M、L，基准测量部位和参考尺寸如表3-23所示。

表3-23　高腰隔尿裤成衣规格表

单位：cm

规格\名称	总长	上宽	下宽	裆宽	护肚宽
S	37	36	28	13	7.5
M	39	39	29	13	7.5
L	41	42	30	13	7.5

4. 结构制图

M码婴儿隔尿裤结构制图如图3-46所示。

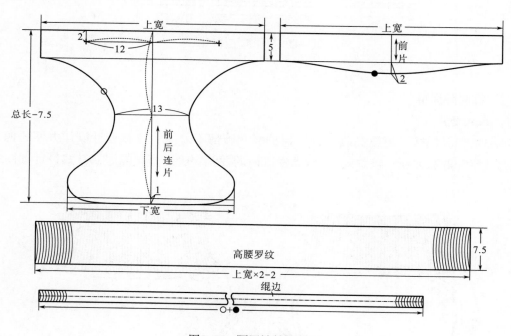

图3-46　隔尿裤结构制图

5. 制图与工艺说明

（1）高腰罗纹宽度为7.5cm。

（2）裆宽居于1/2（总长-7.5cm）上移1cm处。

（3）腰部围边宽5cm。

（4）扣间距24cm，距边缘2cm。

（5）绲条长为边缘轮廓长度，宽为1cm。

第四章　婴幼儿裙装设计与制板

裙装既包括半身裙也包括连衣裙，常见裙装的造型有A型裙、圆台裙、褶裙等。为方便儿童活动，裙长一般在膝围线以上。

第一节　半身裙

半身裙是指从腰到裙摆的造型，是穿着在下身的单独的裙装样式。

一、灯芯绒A字裙

1. 款式特点

细灯芯绒A字短裙，腰部抽橡筋，前中心假门襟设计，4粒按扣，柔软舒适。灯芯绒A字裙款式设计如图4-1所示。

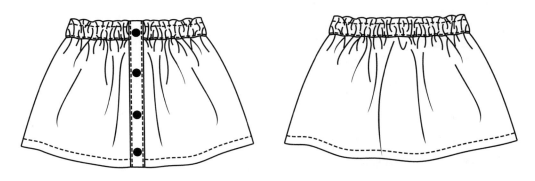

图4-1　灯芯绒A字裙款式设计图

2. 原辅材料

（1）采用100%精梳棉薄灯芯绒面料，柔软、舒适、无污染，并有一定弹性。

（2）前中心假门襟4粒扣。

3. 成衣尺寸

适合的婴幼儿成衣规格80/47、90/50、100/53，基准测量部位和参考尺寸如表4-1所示。

表4-1　灯芯绒A字裙成衣规格表　　　　　　　　　　　　　单位：cm

规格 ＼ 名称	裙长	腰围（收橡筋后）	臀围
80/47	24	41	63
90/50	26	44	68
100/53	28	47	73

4. 结构制图

身高90cm婴幼儿灯芯绒A字裙结构制图如图4-2所示。

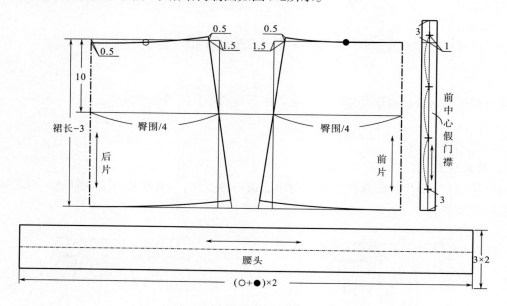

图4-2　灯芯绒A字裙结构制图

5. 制图与工艺说明

（1）前、后腰围，臀围，裙摆等对应部位尺寸相等。

（2）腰围后中心下落0.5cm，腰围侧缝点起翘0.5cm，在臀围基础上收进1.5cm。

（3）款式采用小A字形设计，连接侧缝腰围点和侧缝臀围点，并自然延长至底摆。

（4）前中心门襟宽2cm，长为裙长尺寸，扣位在门襟的中心线上。

（5）腰头宽3cm，里面连裁。

二、荷叶边圆台裙

1. 款式特点

膝盖以上圆台裙，缩腰头，腰头内抽橡筋，裙摆较大，裙摆处多褶裥荷叶边设计，款式活泼可爱。荷叶边圆台裙款式设计如图4-3所示。

2. 原辅材料

（1）采用100%棉机织面料，柔软、透气、舒适。

图4-3 荷叶边圆台裙款式设计图

（2）腰头内合适宽度橡筋。

3. 成衣尺寸

适合的婴幼儿成衣规格90/50、100/53，基准测量部位和参考尺寸如表4-2所示。

表4-2 荷叶边圆台裙成衣规格表　　　　　　　　　　　　单位：cm

名称 规格	裙长	腰围（收橡筋后）	腰围（拉展后）
90/50	24	44	64
100/53	26	47	67

4. 结构制图

身高90cm婴幼儿荷叶边圆台裙结构制图如图4-4所示。

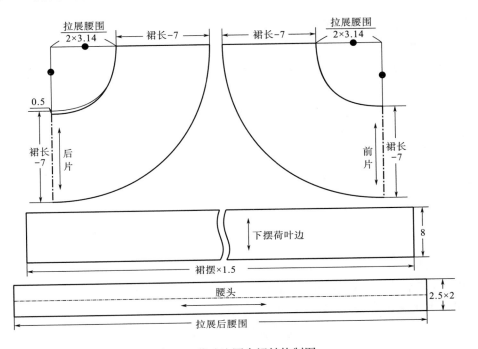

图4-4 荷叶边圆台裙结构制图

5. 制图与工艺说明

（1）裙片采用几何法制图，前、后片腰围成圆半径为［（拉展腰围/2）×3.14］，腰围后中心下落0.5cm。

（2）荷叶边宽8cm，长为1.5倍的下摆长度，上端在1cm处和裙摆缝合。

（3）腰头宽2.5cm，长为拉展腰围尺寸。

三、宝塔裙

1. 款式特点

纯棉牛仔三层宝塔裙，裙摆较大，腰部抽橡筋，每层抽碎褶，前中心细带蝴蝶结。宝塔裙款式设计如图4-5所示。

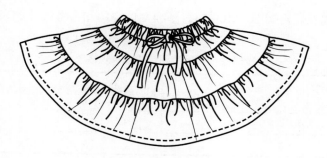

图4-5 宝塔裙款式设计图

2. 原辅材料

（1）采用100%纯棉薄牛仔面料，柔软、亲肤、舒适。

（2）腰头内合适宽度橡筋。

3. 成衣尺寸

适合的婴幼儿成衣规格80/47、90/50、100/53，基准测量部位和参考尺寸如表4-3所示。

表4-3 宝塔裙成衣规格表　　　　　　　单位：cm

规格　　　　名称	裙长	腰围（收橡筋后）	腰围（拉展后）
80/47	24	41	61
90/50	26	44	64
100/53	28	47	67

4. 结构制图

身高90cm婴幼儿宝塔裙结构制图如图4-6所示。

5. 制图与工艺说明

（1）前、后腰围尺寸相等，均为拉展腰围/4，后片腰围下落0.5cm，侧缝起翘2cm。

（2）三层裙片尺寸分别为6.5cm、7.5cm和9cm。

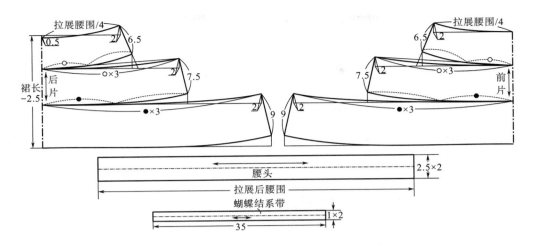

图4-6　宝塔裙结构制图

（3）第二层裙片长度为第一片裙摆尺寸的1.5倍，侧缝起翘2cm。

（4）第三层裙片长度为第二片裙摆尺寸的1.5倍，侧缝起翘2cm。

（5）腰头宽2.5cm，长为拉展腰围尺寸。

（6）蝴蝶结系带宽1cm，长35cm。

四、春秋牛仔裙

1. 款式特点

纯棉春秋牛仔裙，腰部抽橡筋，前中心分割线，假门襟，左右平插袋，后腰部育克分割，分割线下长短双层裙片，后裙片抽褶。春秋牛仔裙款式设计如图4-7所示。

图4-7　春秋牛仔裙款式设计图

2. 原辅材料

（1）采用100%纯棉牛仔面料。

（2）腰头内合适宽度橡筋。

3. 成衣尺寸

适合的婴幼儿成衣规格80/47、90/50、100/53，基准测量部位和参考尺寸如表4-4所示。

规格 \ 名称	裙长	腰围 （收橡筋后）	臀围
80/47	22	41	63
90/50	24	44	68
100/53	26	47	73

表4-4　春秋牛仔裙成衣规格表　　　　　　　　单位：cm

4. 结构制图

身高90cm婴幼儿春秋牛仔裙结构制图如图4-8所示。

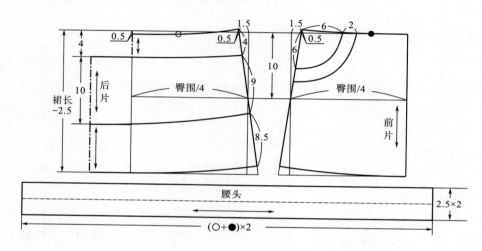

图4-8　春秋牛仔裙结构制图

5. 制图与工艺说明

（1）前、后腰围，臀围，裙摆等对应部位尺寸相等。

（2）腰围后中心下落0.5cm，腰围侧缝点起翘0.5cm，在臀围基础上收进1.5cm。

（3）款式采用小A字形设计，连接侧缝腰围点和侧缝臀围点，并自然延长至底摆。

（4）后片育克后中心宽度为3.5cm，侧缝宽度4cm。

（5）外层裙片后中心宽10cm，侧缝宽度9cm。

（6）前片腰围和侧缝处口袋口尺寸均为6cm，袋口拼接片宽度2cm。

（7）腰头宽2.5cm，长为前、后片腰口尺寸，里面连裁。

五、三层宝塔裙

1. 款式特点

幼童膝盖以上三层宝塔裙，罗纹腰头，腰头内抽橡筋，每层裙摆丝带装饰，穿脱方便，活泼可爱。三层宝塔裙款式设计如图4-9所示。

2. 原辅材料

（1）裙片采用聚酯纤维网纱面料，柔软、透气、保型性好。

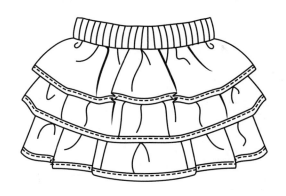

图4-9 三层宝塔裙款式设计图

（2）内衬采用纯棉纱布，透气亲肤性好。

（3）腰头为纯棉罗纹针织面料。

（4）腰头内合适宽度橡筋。

3. 成衣尺寸

适合的婴幼儿成衣规格80/47、90/50、100/53，基准测量部位和参考尺寸如表4-5所示。

表4-5 三层宝塔裙成衣规格表　　　　　　　　　　单位：cm

规格　　　名称	裙长	腰围（收橡筋后）	臀围
80/47	24	41	63
90/50	26	44	66
100/53	28	47	69

4. 结构制图

身高90cm婴幼儿三层宝塔裙结构制图如图4-10所示。

5. 制图与工艺说明

（1）前、后腰围，臀围，裙摆等对应部位尺寸相等。

（2）腰围后中心下落0.5cm，各层裙片侧缝点起翘2cm。

（3）各层裙片的抽褶量为上一层裙片的二分之一。

（4）第一层裙片长度为9cm，第二、第三层裙片长度均为10cm，各层裙片的搭接量为3cm。

（5）腰头采用罗纹设计，罗纹腰头内抽橡筋，宽3cm，橡筋长度为拉展后腰围尺寸−6cm。

（6）第一层裙片内衬和第一层前后裙片围度尺寸相同，长度比裙片短3cm；第二层裙片内衬和第二层前后裙片围度尺寸相同，长度比裙片短3cm。

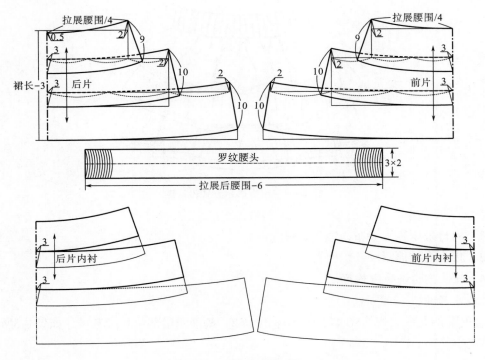

图4-10　三层宝塔裙结构制图

第二节　背带裙

背带裙是连衣裙的一种，裙子的形式不受限制，在各类半身裙的基础上配以背带，背带可宽可窄，有多种式样，穿着时利用背带把裙子吊起，穿着不滑脱，方便实用，适用于各个年龄段儿童。

一、灯芯绒背带裙

1. 款式特点

细灯芯绒A字背带短裙，腰部抽橡筋，前片左右两侧绣花贴袋，背带在背部十字交叉，交叉处细带固定，前片背带内侧底部系扣，各有2粒扣可调。灯芯绒背带裙款式设计如图4-11所示。

2. 原辅材料

（1）采用100%精梳棉薄灯芯绒面料，柔软、舒适、无污染，并有一定弹性。

（2）前片背带内侧4粒扣。

3. 成衣尺寸

适合的婴幼儿成衣规格80/47、90/50、100/53，基准测量部位和参考尺寸如表4-6所示。

图4-11 灯芯绒背带裙款式设计图

表4-6 灯芯绒背带裙成衣规格表 单位：cm

规格 \ 名称	裙长	腰围（收橡筋后）	臀围
80/47	47	41	63
90/50	50	44	68
100/53	53	47	73

4. 结构制图

身高90cm婴幼儿灯芯绒背带裙结构制图如图4-12所示。

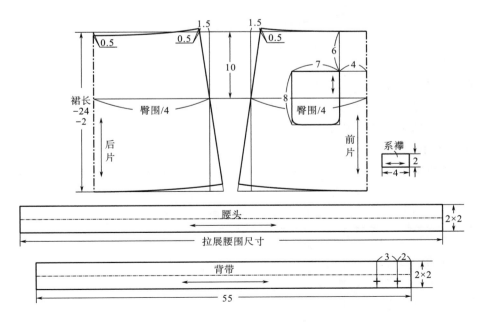

图4-12 灯芯绒背带裙结构制图

5．制图与工艺说明

（1）前、后腰围，臀围，裙摆等对应部位尺寸相等。

（2）腰围后中心下落0.5cm，腰围侧缝点起翘0.5cm，在臀围基础上收进1.5cm。

（3）款式采用小A字形设计，连接侧缝腰围点和侧缝臀围点，并自然延长至底摆。

（4）口袋位置距前中心线4cm，距腰口6cm。

（5）腰头宽2cm，长为拉展腰围尺寸，里面连裁。

（6）背带宽2cm，长55cm，扣位在腰头中间位置。

二、无袖吊带裙

1．款式特点

纯棉无袖吊带裙，腰位较高保护婴幼儿腹部，接腰处抽褶，穿着方便舒适，肩部松紧设计，不勒宝宝肩膀。无袖吊带裙款式设计如图4-13所示。

图4-13　无袖吊带裙款式设计图

2．原辅材料

（1）采用100%精梳棉面料，柔软、舒适、无污染，并有一定弹性。

（2）前片背带内侧4粒扣。

3．成衣尺寸

适合的婴幼儿成衣规格80/48、90/52、100/56，基准测量部位和参考尺寸如表4-7所示。

表4-7　无袖吊带裙成衣规格表

单位：cm

规格　　　名称	裙长	腰围	胸围	臀围	肩带长（抽橡筋后）
80/48	40.5	53	54	67	6.5
90/52	43	56	58	72	7
100/56	45.5	59	62	77	7.5

4. 结构制图

身高90cm婴幼儿无袖吊带裙结构制图如图4-14所示。

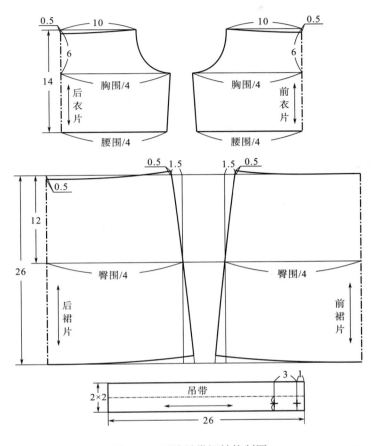

图4-14　无袖吊带裙结构制图

5. 制图与工艺说明

（1）前、后胸围，腰围，臀围，裙摆等对应部位尺寸相等。

（2）前、后片挡胸长14cm，宽10cm，前、后中心向下弧0.5cm。

（3）腰围后中心下落0.5cm，腰围侧缝点起翘0.5cm，在臀围基础上收进1.5cm。

（4）款式采用小A字形设计，连接侧缝腰围点和侧缝臀围点，并自然延长至底摆。

（5）吊带宽2cm，长26cm，扣位在吊带中间位置。

三、挖袋背带裙

1. 款式特点

纯棉粗灯芯绒A型背带裙，左侧缝开口，2粒扣系结，腰部左右两侧单开线挖袋，肩部系带2粒扣可调，款式简洁，穿脱方便。挖袋背带裙款式设计如图4-15所示。

2. 原辅材料

（1）采用100%纯棉粗灯芯绒面料，柔软、舒适、无污染，并有一定弹性。

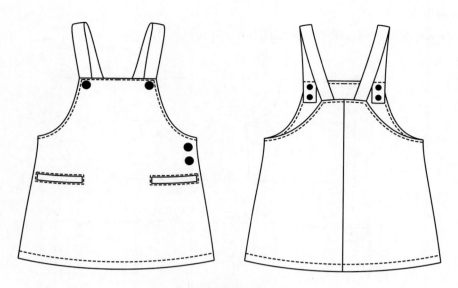

图4-15 挖袋背带裙款式设计图

（2）侧缝2粒四合扣，前片背带内侧4粒四合扣。

3. 成衣尺寸

适合的婴幼儿成衣规格80/48、90/52、100/56，基准测量部位和参考尺寸如表4-8所示。

表4-8 挖袋背带裙成衣规格表 单位：cm

规格＼名称	裙长	腰围	胸围	摆围	肩带长
80/48	36	55	54	71	29
90/52	39	58	58	74	30
100/56	42	61	62	77	31

4. 结构制图

身高90cm婴幼儿挖袋背带裙结构制图如图4-16所示。

5. 制图与工艺说明

（1）前、后胸围，腰围，臀围，裙摆等对应部位尺寸相等。

（2）前片挡胸长12cm，前片宽10cm，后片挡胸长8cm，宽5cm，后挡胸向下弧0.5cm。

（3）左侧缝门、里襟宽1.5cm，长5.5cm，两粒扣扣合。

（4）口袋口长9cm，单开线宽1cm，位置距侧缝1cm，距门、里襟下边缘4cm。

（5）背带宽2cm，长30cm，扣位在背带中间位置。

（6）开线布长13cm，宽4cm。

（7）垫带布长13cm，宽4cm。

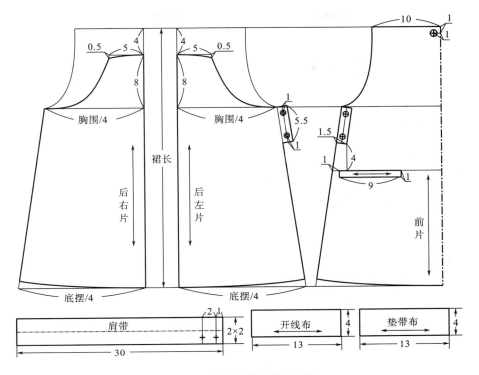

图4-16　挖袋背带裙结构制图

四、牛仔背带裙

1. 款式特点

棉加氨纶牛仔A型背带裙，挡胸有装饰带盖的贴袋，左右两侧开口，1粒扣系结，裙子两侧假平插袋，后片贴袋，裙摆荷叶边装饰。牛仔背带裙款式设计如图4-17所示。

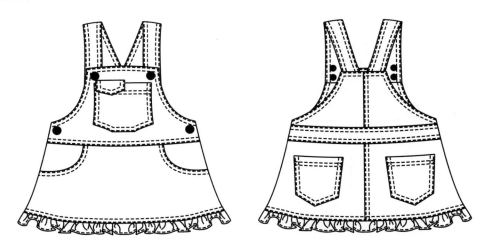

图4-17　牛仔背带裙款式设计图

2. 原辅材料

（1）采用98%的棉2%的氨纶牛仔面料，有一定弹性，穿着舒适方便。

（2）侧缝2粒四合扣，前片背带内侧2粒四合扣。

3. 成衣尺寸

适合的婴幼儿成衣规格80/48、90/52、100/56，基准测量部位和参考尺寸如表4-9所示。

表4-9　牛仔背带裙成衣规格表 单位：cm

规格 ＼ 名称	裙长	胸围	腰围	肩带长
80/48	36	58	60	29
90/52	39	62	64	30
100/56	42	66	68	31

4. 结构制图

身高90cm婴幼儿牛仔背带裙结构制图如图4-18所示。

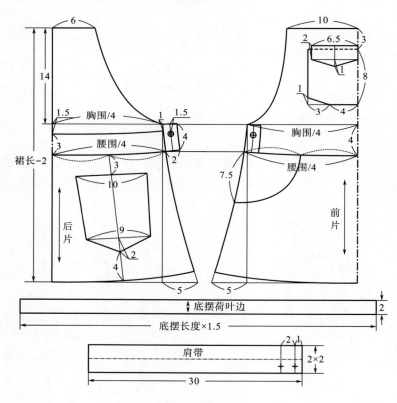

图4-18　牛仔背带裙结构制图

5. 制图与工艺说明

（1）前、后胸围，腰围，裙摆等对应部位尺寸相等，底摆在胸围基础上展开5cm。

（2）前、后片挡胸长14cm，前片宽10cm，后片宽6cm。

（3）后片腰带拼接片宽3cm。

（4）拼接片下3cm口袋，口袋下边线距底摆4cm，口袋上边宽10cm，下边宽9cm。

（5）前片挡胸贴袋宽7cm，高8cm，距挡胸上边3cm。

（6）前片分割线在腰围线上，距胸围线4cm。

（7）假平插袋口宽在腰围线的二分之一处，侧缝袋口尺寸7.5cm。

（8）左侧缝门、里襟宽2cm，长4cm，1粒扣扣合。

（9）荷叶边宽2cm，长为底摆长度的1.5倍。

（10）背带宽2cm，长30cm，扣位在背带中间位置。

第三节　连衣裙

连衣裙是将上衣和裙子连成一体的服装，适应婴幼儿挺胸凸腹的体态特征，同时又具有较好的运动性。

一、无袖扁领连衣裙

1. 款式特点

背心连衣裙，经典扁领设计，后中心开口，3粒扣系结，袖窿内侧贴边，合适宽度明线，腰部接腰抽褶，增加设计感，下摆自然下垂，穿着简洁方便。无袖扁领连衣裙款式设计如图4-19所示。

图4-19　无袖扁领连衣裙款式设计图

2. 原辅材料

（1）100%纯棉机织泡泡纱面料，天然、舒适、健康、环保。

（2）后背3粒两眼扣。

3. 成衣尺寸

适合的婴幼儿成衣规格80/48、90/52、100/56，基准测量部位和参考尺寸如表4-10所示。

表4-10　无袖扁领连衣裙成衣规格表　　　　　　　　　　　　　　单位：cm

规格 ＼ 名称	裙长	胸围
80/48	43	60
90/52	48	64
100/56	53	68

4. 结构制图

身高90cm婴幼儿无袖扁领连衣裙结构制图如图4-20所示。

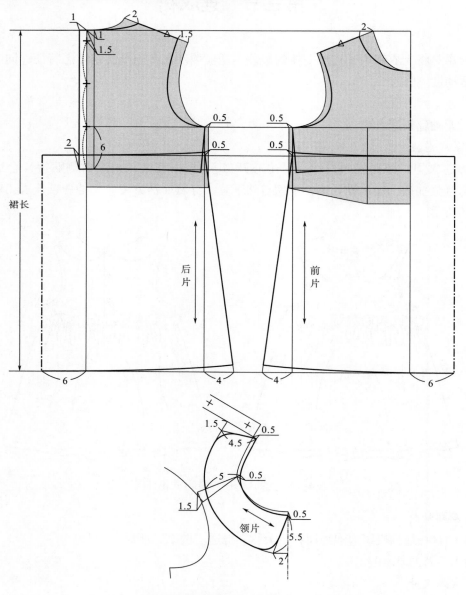

图4-20　无袖扁领连衣裙结构制图

5. 制图与工艺说明

（1）采用原型法制图，前、后片胸围在原型基础上各减小0.5cm。

（2）上衣长在胸围线下6cm。

（3）前、后领深尺寸不变，领宽沿侧颈点开宽2cm，后肩宽在肩点基础上减小1.5cm，前、后肩宽长度相等。

（4）搭门宽1cm，领口下1.5cm设第1粒扣。

（5）裙子和上衣搭接2cm，裙子褶量6cm，侧缝展宽4cm，腰围侧缝起翘0.5cm。

（6）在衣身基础上绘制扁领，肩部搭接量1.5cm，装领线不重合于领口弧线，后中心和侧颈点挪出0.5cm，前中心下落0.5cm。

（7）后领宽4.5cm，前领宽5.5cm，肩缝处领宽5cm。

二、针织网纱连衣裙

1. 款式特点

短袖低腰连衣裙，经典扁领，前中心水滴扣设计方便穿脱，泡泡袖彰显女童的可爱，裙子里外两层设计，外层网纱舒适又不失单调。针织网纱连衣裙款式设计如图4-21所示。

图4-21　针织网纱连衣裙款式设计图

2. 原辅材料

（1）上衣面料为100%棉针织面料，裙子衬里为100%棉针织面料，裙子面料为100%锦纶面料。

（2）前中心1粒两眼扣。

3. 成衣尺寸

适合的婴幼儿成衣规格80/48、90/52、100/56，基准测量部位和参考尺寸如表4-11所示。

表4-11　针织网纱连衣裙成衣规格表　　　　　　　　　单位：cm

规格 ＼ 名称	裙长	胸围	摆围	袖长
80/48	43	56	116	9.5
90/52	48	60	122	10
100/56	53	64	128	10.5

4. 结构制图

身高90cm婴幼儿针织网纱连衣裙结构制图如图4-22所示。

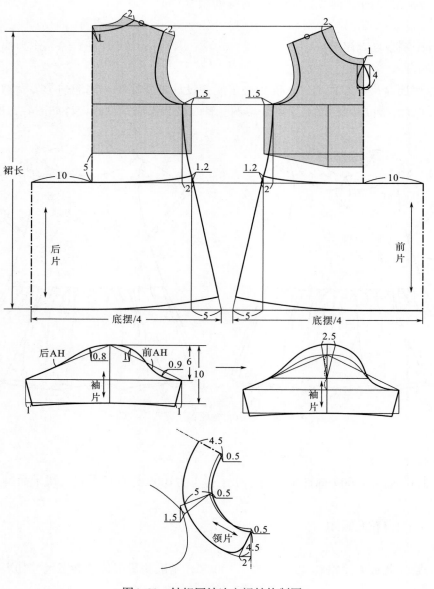

图4-22　针织网纱连衣裙结构制图

5. **制图与工艺说明**

（1）采用原型法制图，前、后片胸围在原型基础上各减小1.5cm。

（2）上衣长在腰围线下5cm。

（3）前、后片低腰腰围在胸围基础上各增加2cm。

（4）前、后领深各加深1cm，领宽沿侧颈点开宽2cm，后肩宽在肩点基础上减小2cm，前、后肩宽长度相等。

（5）前、后片裙腰褶量各为10cm，侧缝起翘1.2cm，裙摆各为裙摆/4。

（6）前中心水滴扣开口长4cm，宽2cm。

（7）在衣身基础上绘制扁领，肩部搭接量1.5cm，装领线不重合于领口弧线，后中心和侧颈点挪出0.5cm，前中心下落0.5cm。

（8）后领宽4.5cm，前领宽4.5cm，肩缝处领宽5cm。

（9）袖山高6cm，在距袖山三分之二袖山高位置剪切旋转加量2.5cm作为抽褶量，袖口尺寸在袖宽基础上两侧各收进1cm。

三、牛仔长袖连衣裙

1. **款式特点**

牛仔面料长袖连衣裙，前中心开口系扣，腹部以上分割设计，分割线处抽碎褶，绱领，领外口绲边设计，前胸双贴袋，袖口、底摆等处缉双明线装饰。牛仔长袖连衣裙款式设计如图4-23所示。

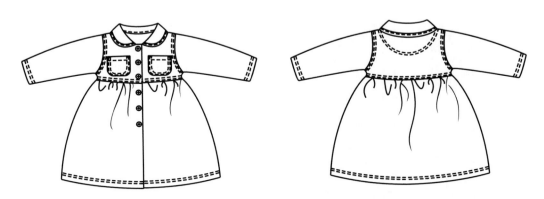

图4-23　牛仔长袖连衣裙款式设计图

2. **原辅材料**

（1）面料为100%棉牛仔面料，柔软、舒适，有一定弹性。

（2）前中心6粒两眼扣。

3. **成衣尺寸**

适合的婴幼儿成衣规格80/48、90/52、100/56，基准测量部位和参考尺寸如表4-12所示。

表4-12　牛仔长袖连衣裙成衣规格表

单位：cm

规格 ＼ 名称	裙长	胸围	袖长	袖口宽	领面宽
80/48	42	60	26	8	6
90/52	47	64	29	9	6
100/56	52	68	32	10	6

4. 结构制图

身高100cm婴幼儿牛仔长袖连衣裙结构制图如图4-24所示。

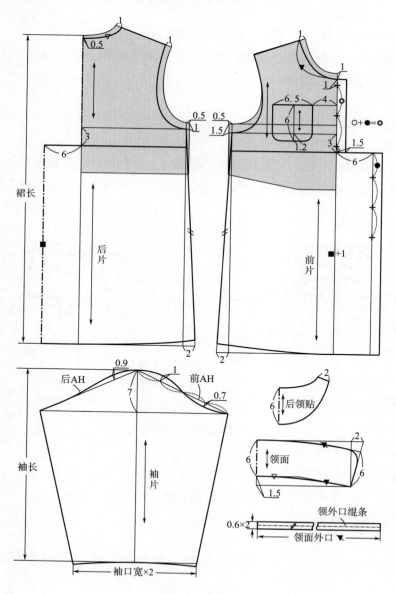

图4-24　牛仔长袖连衣裙结构制图

5. 制图与工艺说明

（1）采用原型法制图，前、后片胸围在原型基础上各减小0.5cm，后袖窿开深1cm，前袖窿开深1.5cm。

（2）上衣长在腰围线下3cm。

（3）后领深加深0.5cm，前领深加深1cm，领宽沿侧颈点开宽1cm，后肩宽在肩点基础上减小1cm，前、后肩宽长度相等。

（4）前、后片裙腰褶量各为6cm，裙摆展宽2cm。

（5）前胸系扣，6粒扣，普通门襟、里襟形式，搭门宽1.5cm。

（6）距前胸4cm处贴袋，贴袋宽6.5cm，高6cm。

（7）领子为连翻领，领角为圆角设计，领外口0.6cm宽绲边，后领贴后中心处宽6cm，侧缝处宽2cm。

（8）袖山高7cm，袖口尺寸为袖口宽×2。

四、荷叶领长袖连衣裙

1. 款式特点

女童经典短款连衣裙，后中心开口系扣方便穿脱，胸部分割线设计，分割线下褶裥，荷叶领美观大方，袖口处橡筋抽褶。荷叶领长袖连衣裙款式设计如图4-25所示。

图4-25 荷叶领长袖连衣裙款式设计图

2. 原辅材料

（1）衣身、袖子面料为棉涤混纺，轻薄、易干。

（2）领子面料为真丝欧根纱，美观有档次。

（3）前中心装饰性丝带。

（4）后中心5粒两眼扣。

3. 成衣尺寸

适合的婴幼儿成衣规格80/48、90/52、100/56，基准测量部位和参考尺寸如表4-13所示。

表4-13 荷叶领长袖连衣裙成衣规格表 单位：cm

规格＼名称	裙长	胸围	袖长
80/48	41	58	29
90/52	44	62	31
100/56	47	66	33

4. 结构制图

身高90cm婴幼儿荷叶领长袖连衣裙结构制图如图4-26所示。

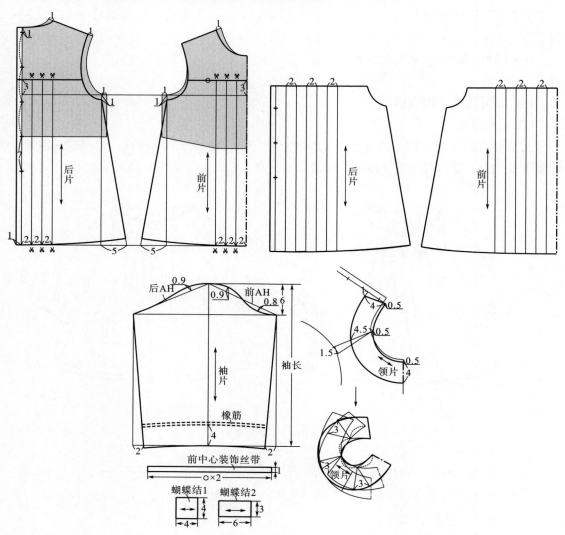

图4-26 荷叶领长袖连衣裙结构制图

5. 制图与工艺说明

（1）采用原型法制图，前、后片胸围在原型基础上各减小1cm，前、后袖窿开深1cm。

（2）前胸后背分割线在胸围线上3cm。

（3）前、后领深不变，领宽沿侧颈点开宽1cm，后肩宽在肩点基础上减小1cm，前、后肩宽长度相等。

（4）后中心搭门量1cm，第1粒扣距领口1cm，扣间距7cm。

（5）剪切线位置距前、后中心线均为2cm，剪切线之间间距2cm，平行剪切加量2cm。

（6）裙摆展开量5cm。

（7）领子为荷叶领，前、后中心处领宽4cm，肩线处领宽4.5cm，分别在领口弧线和领外轮廓线的四分之一处进行剪切加量，各展开量分别为3cm。

（8）袖山高6cm，袖口尺寸在袖宽基础上前后各减小2cm，距袖口4cm处抽橡筋。

（9）前胸装饰性丝带宽1cm，长和前胸分割线长度相等。

（10）上层蝴蝶结尺寸4 cm×4cm，下层蝴蝶结尺寸6 cm×3cm。

第四节　旗袍

旗袍是中国女性的传统服装，被誉为中国国粹和女性国服。受成人化着装的影响，儿童服装中也出现旗袍款式，但必须考虑儿童的体型特征，松量适当放大，立领不能太高，应方便儿童的活动。

一、肩袖夏季旗袍

1. 款式特点

棉麻夏季旗袍，小立领，前中心弧线增加颈部舒适性，肩袖，穿着方便舒适，右前胸弧线形门襟，普通两眼扣，扣襻系结，左前胸梅花印花装饰，下摆展开A字形设计。肩袖夏季旗袍款式设计如图4-27所示。

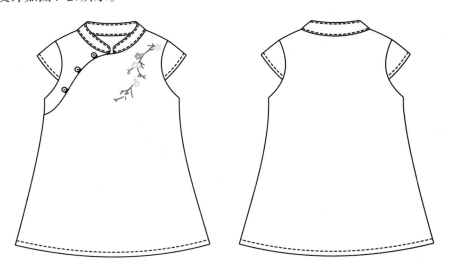

图4-27　肩袖夏季旗袍款式设计图

2. 原辅材料

（1）面料采用棉麻机织面料，吸湿、透气，穿着舒适。

（2）右前胸3粒两眼扣。

3. 成衣尺寸

适合的婴幼儿成衣规格80/48、90/52、100/56，基准测量部位和参考尺寸如表4-14所示。

表4-14　肩袖夏季旗袍成衣规格表　　　　　　　　　　　　　　　　　单位：cm

规格 \ 名称	裙长	胸围	摆围	袖长
80/48	46	58	90	5
90/52	49	62	94	6
100/56	52	66	98	7

4. 结构制图

身高90cm婴幼儿肩袖夏季旗袍结构制图如图4-28所示。

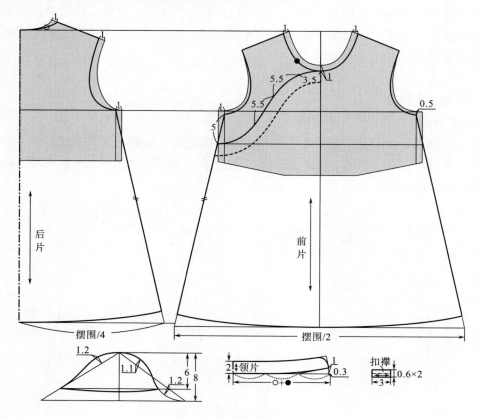

图4-28　肩袖夏季旗袍结构制图

5. 制图与工艺说明

（1）采用原型法制图，前、后片胸围在原型基础上各减小1cm，前袖窿开深0.5cm。

（2）后领深不变，前领深开深1cm，领宽沿侧颈点开宽1cm，后肩宽在肩点基础上减小1cm，前、后肩宽长度相等。

（3）右胸分割线自前领深弧线至右侧缝下5cm。

（4）第1粒扣距前领口3.5cm，扣间距5.5cm。

（5）领子为立领，前、后中心宽度2cm，前中心起翘1cm，前领弧线领型。

（6）袖山高8cm，袖长6cm，袖口线弧线。

（7）扣襻长3cm，宽0.6cm。

二、冬季旗袍裙

1. 款式特点

冬季棉旗袍裙，小立领，后中心开口绱拉链方便穿脱，袖口拼接富有层次感，肩部和袖口拼接处毛皮装饰，增加保暖性，前中心盘扣美观大方。冬季旗袍裙款式设计如图4-29所示。

图4-29 冬季旗袍裙款式设计图

2. 原辅材料

（1）面料采用人丝织锦缎机织布，光亮，装饰性好。

（2）里料采用涤塔夫机织布，手感光滑。

（3）肩部和袖口拼接处装饰毛皮。

（4）后中心绱隐形尼龙拉链1条。

（5）前领中心盘扣1枚。

3. 成衣尺寸

适合的婴幼儿成衣规格80/48、90/52、100/56，基准测量部位和参考尺寸如表4-15所示。

表4-15 冬季旗袍裙成衣规格表 单位：cm

名称 规格	裙长	胸围	袖长
80/48	36	64	27

续表

名称 规格	裙长	胸围	袖长
90/52	39	68	30
100/56	41	72	33

4. 结构制图

身高90cm婴幼儿冬季旗袍裙结构制图如图4-30所示。

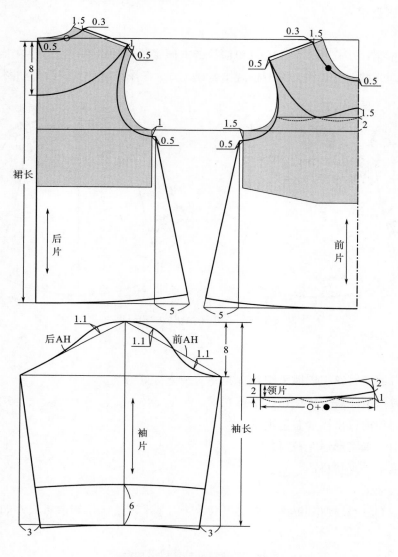

图4-30 冬季旗袍裙结构制图

5. 制图与工艺说明

（1）采用原型法制图，前、后片胸围在原型基础上各增加0.5cm，后袖窿开深1cm，前袖窿开深1.5cm。

（2）前、后领深各开深0.5cm，领宽沿侧颈点开宽1.5cm，颈侧点在原型基础上抬高0.3cm，肩点在原型基础上抬高0.5cm，后肩宽在肩点基础上减小1cm，前、后肩宽长度相等。

（3）后背分割线自后领深向下8cm，前胸分割线在胸围线上2cm，弧线形分割。

（4）前、后衣摆均展开5cm。

（5）领子为立领，前、后中心宽度2cm，前中心起翘1cm，前领弧线领型。

（6）袖山高8cm，袖口在袖宽基础上前后各减小3cm。

（7）距袖口6cm设计分割线。

第五章　婴幼儿配饰设计与制板

　　服装配饰，从表面上理解，是除主体服装（上衣、裤子、裙子、鞋）外，为烘托出更好的表现效果而增加的配饰，其材质多样，种类繁杂。服装配饰逐渐地演变成为服装表现形式的一种延伸，已成为美的体现的不可或缺的一部分。儿童配饰包括睡袋、罩衣、围嘴、肚兜、肚围、帽子等品类。

第一节　睡袋

　　睡袋是适合婴儿睡觉和外出的服饰，其结构特点应适应婴儿的睡眠所需，所以应宽松舒适，同时应考虑外出时包裹婴儿的便利性。根据季节的不同，材料可选用纯棉起绒布、纯棉毛巾布或带有里料和絮料的棉织物。

一、婴儿背心睡袋

1. 款式特点

　　仿生背心睡袋，两侧加护围给宝宝充足的安全感，下摆宽大给新生儿的蛙式双腿提供自然的生长发育和活动空间，前中心双向拉链方便换尿布，前领口拉链防护布保护宝宝的下颌，底襟拉链挡条保护婴儿胸腹部。婴儿背心睡袋款式设计如图5-1所示。

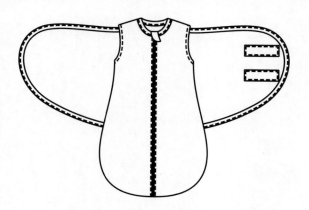

图5-1　婴儿背心睡袋款式设计图

2. 原辅材料

（1）冬夏季节可采用不同面料。

（2）夏季采用纯棉纱布，柔软舒适。

（3）冬季面料和里料均采用纯棉棉毛针织布，中间絮片层采用仿丝棉材料。

（4）前中心采用双向拉链。

3．成衣尺寸

适合的婴幼儿睡袋S码和L码，基准测量部位和参考尺寸如表5-1所示。

表5-1　婴儿背心睡袋规格表

单位：cm

名称 规格	衣长	胸围	臀围	肩宽	领宽	护围高	护围宽
S	64	58	78	24	7	31	80
L	74	62	82	25	8	31	84

4．结构制图

S码婴儿睡袋结构制图如图5-2所示。

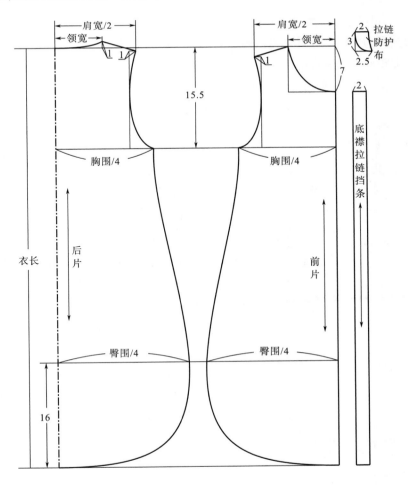

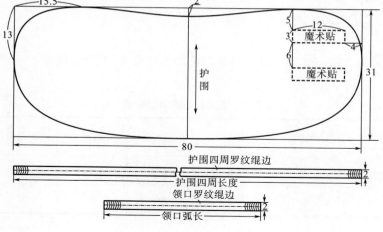

图5-2 婴儿背心睡袋结构制图

5. 制图与工艺说明

（1）前、后片胸围，臀围，肩宽，领宽等对应部位尺寸相等。

（2）后领高为1cm，前领深和领宽相等，前、后落肩均为1.5cm。

（3）臀围距底摆线16cm。

（4）底襟拉链挡条宽2cm，长和前门襟长度相等。

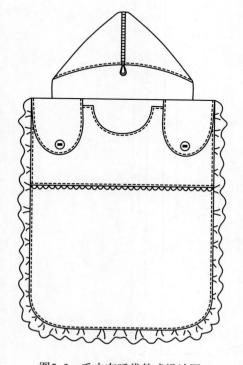

图5-3 毛巾布睡袋款式设计图

（5）护围宽80cm，高31cm，中心处高31cm-2cm，魔术贴之间的间距为6cm。

（6）护围与领口罗纹绲边宽1cm，双折连裁，长为相应部位的长度。

二、毛巾布睡袋

1. 款式特点

长方形睡袋，边缘有装饰性花边，左侧与底部绱拉链；上片分割，分割处装饰性花边；左右两侧有护肩，与上片两眼扣扣系；头部位置有帽片，上部装有拉链，外出可拉起做挡风帽。毛巾布睡袋款式设计如图5-3所示。

2. 原辅材料

（1）面料采用针织毛巾布，吸湿、透气、柔软。

（2）帽子上部绱1根拉链。

3. 成衣尺寸

适合的婴幼儿睡袋S码和L码，基准测量部位和参考尺寸如表5-2所示。

表5-2　毛巾布睡袋成衣规格表　　　　　　　　　　　　　单位：cm

规格＼名称	睡袋长	睡袋宽	领宽	前领深
S	70	48	7	6
L	83	56	8	7

4. 结构制图

S码毛巾布睡袋结构制图如图5-4所示。

5. 制图与工艺说明

（1）后片为长方形衣片，侧缝圆角设计。

（2）前片上端比后片短2cm，分割线距前片上端25cm，领宽8cm，前领深7cm。

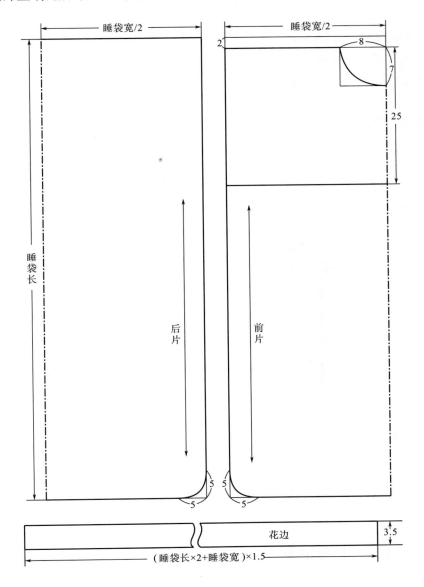

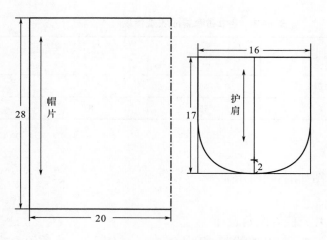

图5-4　毛巾布睡袋结构制图

（3）帽片长28cm，宽20cm。

（4）护肩长17cm，宽16cm。

（5）花边宽3.5cm，长为睡袋三边长度之和的1.5倍。

三、婴幼儿分腿睡袋

1. 款式特点

分腿睡袋以防婴幼儿踢被，下摆加宽增加婴幼儿的活动量，前中心双向拉链方便更换尿布，肩部系扣，袖子可拆卸，以适应不同温度环境的需要，前领口拉链防护布保护宝宝的下颌，前腹弧线形分割增加装饰性。婴幼儿分腿睡袋款式设计如图5-5所示。

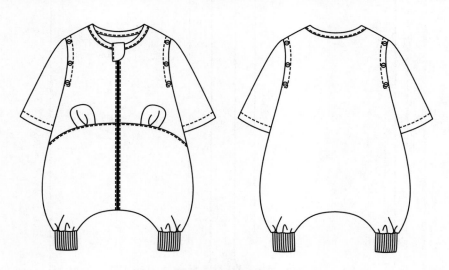

图5-5　婴幼儿分腿睡袋款式设计图

2. 原辅材料

（1）冬夏季节可采用不同面料。

（2）夏季采用纯棉纱布或针织棉毛布，柔软舒适。

（3）冬季面料和里料均采用纯棉棉毛针织布，中间絮片层采用仿丝棉材料。

（4）前中心采用双向拉链。

（5）袖窿处12粒两眼树脂扣。

3. 成衣尺寸

适合的婴幼儿睡袋S码、M码和L码，基准测量部位和参考尺寸如表5-3所示。

表5-3 婴幼儿分腿睡袋规格表

单位：cm

名称 规格	衣长	胸围	下摆宽	肩宽	袖长	领宽
S	70	66	98	27	29	7
M	80	70	106	28	31	7.5
L	90	74	114	29	33	8

4. 结构制图

S码婴幼儿分腿睡袋结构制图如图5-6所示。

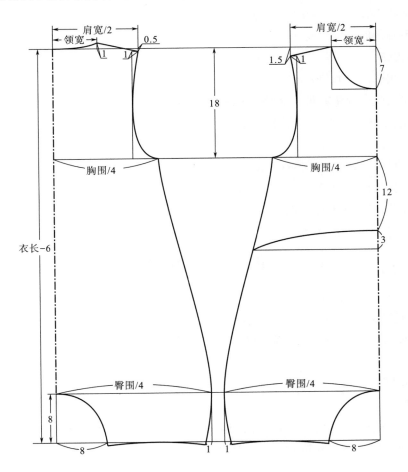

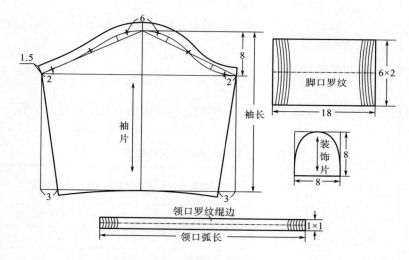

图5-6　婴幼儿分腿睡袋结构制图

5. 制图与工艺说明

（1）前、后片胸围，臀围，肩宽，领宽等对应部位尺寸相等。

（2）后领高为1cm，前领深和领宽相等，前、后落肩均为1.5cm。

（3）臀围线距底摆线8cm。

（4）裆宽8cm。

（5）侧缝在裤口处收进1cm。

（6）前片弧线在前中心处距胸围线12cm，弧度3cm。

（7）袖山高8cm，袖口在袖缝线基础上收进3cm，袖山搭门宽1.5cm，前、后袖山共6粒扣。

（8）脚口罗纹长18cm，宽6cm，对折连裁。

（9）领口罗纹长为领口弧长，宽1cm，对折连裁。

（10）装饰片尺寸为8 cm×8m。

第二节　罩衣

　　罩衣是常见的婴幼儿服装款式，穿在内衣的外边，易于穿脱，便于洗涤，穿着舒适。罩衣在结构上一般采用插肩袖，也可采用装袖，除作为外衣穿着外，还可用作吃饭用衣。

一、插肩袖罩衣

1. 款式特点

　　宽松插肩袖罩衣，后中心开口，领口绲边连后中心系带，底摆绲边宽松舒适，橡筋袖口，前片左下部贴袋。插肩袖罩衣款式设计如图5-7所示。

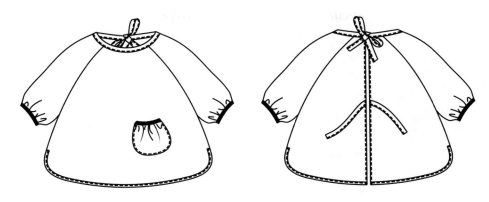

图5-7 插肩袖罩衣款式设计图

2．原辅材料

（1）面料采用涤纶防水面料。

（2）袖口和口袋口细橡筋。

3．成衣尺寸

适合的婴幼儿插肩袖罩衣成品规格80/48、90/52、100/56，基准测量部位和参考尺寸如表5-4所示。

表5-4 插肩袖罩衣规格表

单位：cm

名称\规格	衣长	胸围	袖长（自后中心点测量）	袖口宽	袖口橡筋长
80/48	37	66	38	11.5	16
90/52	41	70	42	12	18
100/56	45	74	46	12.5	20

4．结构制图

身高90cm婴幼儿插肩袖罩衣结构制图如图5-8所示。

5．制图与工艺说明

（1）采用原型法制图，前、后片胸围在原型基础上各增加0.5cm，前、后袖窿均开深2cm。

（2）前、后领深各开深1cm，领宽沿侧颈点开宽3cm，袖斜和肩斜相等，延长肩斜，自后中心点取袖长-1cm，前、后袖长相等。

（3）前、后插肩点在前、后领口弧线的上三分之一处，身袖交叉点分别在前胸后背宽上，在胸围线上3cm。

（4）底摆展开3cm，做6cm圆角弧线。

（5）领口绲条长度为领口弧长+两侧系带长度各10cm，宽0.8cm，双折连裁。

（6）底摆绲条长度为所需绲边的底摆长度，宽0.8cm，双折连裁。

（7）系带长10cm，宽0.8cm，双折连裁。

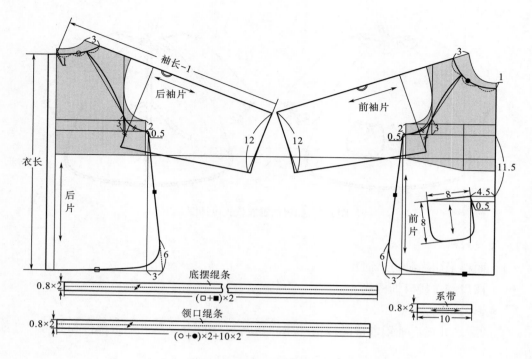

图5-8　插肩袖罩衣结构制图

（8）口袋尺寸为8 cm×8cm，位置如图5-8所示。

二、灯芯绒罩衣

1. 款式特点

宽松插肩袖罩衣，后中心开口，3粒扣系结，前片领口处贴边，左右侧缝下部弧形挖袋，袖口橡筋收缩。灯芯绒罩衣款式设计如图5-9所示。

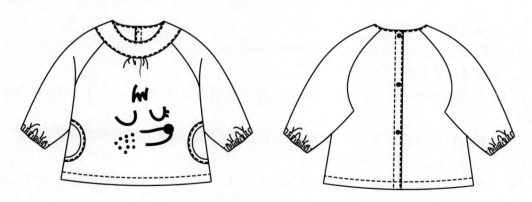

图5-9　灯芯绒罩衣款式设计图

2. 原辅材料

（1）面料采用纯棉灯芯绒面料。

（2）袖口细橡筋。

（3）后中心3粒四眼扣。

3. 成衣尺寸

适合的婴幼儿插肩袖罩衣成品规格80/48、90/52、100/56，基准测量部位和参考尺寸如表5-5所示。

表5-5 灯芯绒罩衣规格表 单位：cm

名称 规格	衣长	胸围	袖长 （自后中心点测量）	袖口宽	袖口橡筋长
80/48	37	66	38	11.5	16
90/52	41	70	42	12	18
100/56	45	74	46	12.5	20

4. 结构制图

身高90cm婴幼儿灯芯绒罩衣结构制图如图5-10所示。

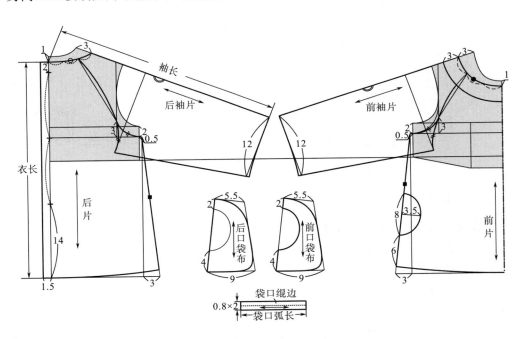

图5-10 灯芯绒罩衣结构制图

5. 制图与工艺说明

（1）采用原型法制图，前、后片胸围在原型基础上各增加0.5cm，前、后袖窿均开深2cm。

（2）前、后领深各开深1cm，领宽沿侧颈点开宽3cm，袖斜和肩斜相等，延长肩斜，自后中心点取袖长尺寸，前、后袖长相等。

（3）前、后插肩点在前、后领口弧线的上三分之一处，身袖交叉点分别在前胸后背宽上，在胸围线上3cm。

（4）搭门宽1.5cm，底摆展开3cm。

（5）后中心第一粒扣位距领口2cm，最后一粒扣距底摆14cm，扣间距相等。

（6）前片分割线宽3cm。

（7）袋口下端距底摆6cm，袋口尺寸8cm，袋口宽3.5cm，袋口绲边宽0.8cm，长为袋口弧长。

（8）前后裤袋布使用面料，尺寸如图5-10所示。

三、扁领反穿罩衣

1. 款式特点

宽松装袖罩衣，后中心开口系扣，前后扁领，前中心分割线，分割线下抽褶，分割线上有装饰条，袖口宽松，袖口处绱橡筋。扁领反穿罩衣款式设计如图5-11所示。

图5-11　扁领反穿罩衣款式设计图

2. 原辅材料

（1）表层面料采用纯棉机织面料。

（2）里料采用机织高密度聚酯纤维面料。

（3）袖口细橡筋。

（4）后中心3粒四眼扣。

3. 成衣尺寸

适合的婴幼儿扁领反穿罩衣成品规格80/48、90/52、100/56，基准测量部位和参考尺寸如表5-6所示。

表5-6　扁领反穿罩衣规格表　　　　　　　　　　　　　　　单位：cm

名称 规格	衣长	胸围	袖长	袖口橡筋长
80/48	37	66	28	16
90/52	41	70	29	18

续表

名称\规格	衣长	胸围	袖长	袖口橡筋长
100/56	45	74	30	20

4. 结构制图

身高90cm婴幼儿扁领反穿罩衣结构制图如图5-12所示。

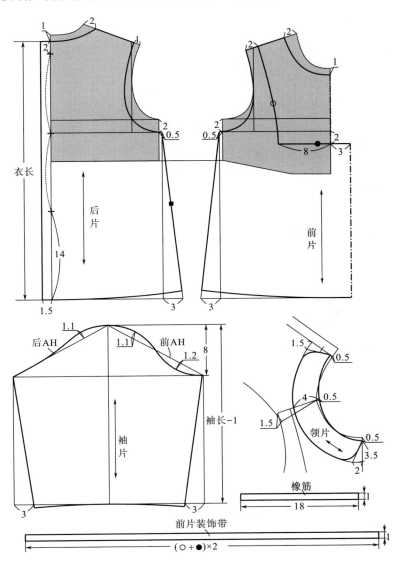

图5-12　扁领反穿罩衣结构制图

5. 制图与工艺说明

（1）采用原型法制图，前、后片胸围在原型基础上各增加0.5cm，前、后袖窿均开深2cm。

（2）前后领深各开深1cm，领宽沿侧颈点开宽2cm，后肩长在肩点处减小1cm。

（3）搭门宽1.5cm，底摆展开3cm。

（4）前片纵向分割线距肩点2cm，横向分割线距胸围线2cm，褶量3cm。

（5）后中心第一粒扣位距领口2cm，最后一粒扣距底摆14cm，扣间距相等。

（6）扁领采用在衣身基础上制图的方法，肩部重叠量1.5cm，前后领宽3.5cm，肩线处领宽4cm。

（7）袖山高8cm，袖口宽在袖宽基础上前后各减小3cm，袖口橡筋宽1cm。

（8）前片装饰带宽1cm，长为分割线长度。

第三节　围嘴

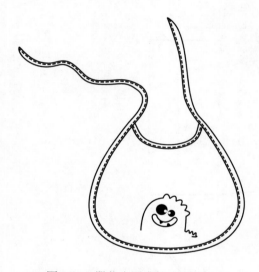

图5-13　婴儿小围嘴款式设计图

围嘴是婴儿期必备的配饰之一，可颈后系带，也可颈后贴魔术贴，可采用纯棉面料，也可采用吸水性较强的毛巾布或者防水层材料。

一、婴儿小围嘴

1. 款式特点

领口合体，领口处绲边，围嘴外边缘绲边并连颈后系带。婴儿小围嘴款式设计如图5-13所示。

2. 原辅材料

（1）围嘴采用双层面料，上层面料采用针织毛巾布，里层面料为PVC高密度聚酯纤维。

（2）系带为针织1+1罗纹面料。

3. 成衣尺寸

适合的婴儿小围嘴规格为S码、M码和L码，基准测量部位和参考尺寸如表5-7所示。

表5-7　婴儿小围嘴规格表　　　　　　　　单位：cm

规格 \ 名称	围嘴宽	围嘴长	领宽	领深	绲边宽
S	18	17	4.7	3.5	0.6
M	20	18	4.9	4	0.6
L	22	19	5.1	4.5	0.6

4. 结构制图

M码婴儿小围嘴结构制图如图5-14所示。

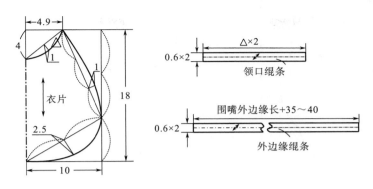

图5-14 婴儿小围嘴结构制图

5. 制图与工艺说明

（1）制图基础长方形宽为围嘴宽/2，高为围嘴高18cm。

（2）领宽4.9cm，领深4cm。

（3）领口绲条长为领口弧长，宽0.6cm。

（4）外边缘绲条长为围嘴外边缘长+颈后系带17.5～20cm。

二、360°旋转围嘴

1. 款式特点

适合婴幼儿期的360°旋转围嘴，中心处系扣，系扣处可前可后，四周花瓣形设计，领口与外轮廓绲边。360°旋转围嘴款式设计如图5-15所示。

2. 原辅材料

（1）采用四层或八层脱脂棉纱布，柔软舒适，不同厚度适应不同季节。

（2）领口与外轮廓绲边采用针织1+1罗纹面料。

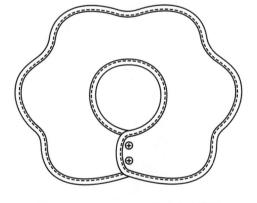

图5-15 360°旋转围嘴款式设计图

（3）中心2粒四眼扣。

3. 成衣尺寸

适合的婴儿360°旋转围嘴规格为S码、L码，基准测量部位和参考尺寸如表5-8所示。

表5-8 婴儿360°旋转围嘴规格表　　　　　　　　单位：cm

名称 规格	内径	围嘴最宽处	围嘴最窄处
S	14	7	6
L	16	8	7

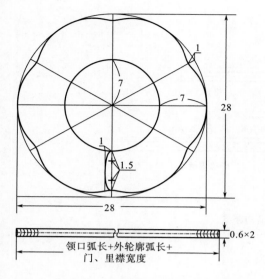

图5-16　360° 旋转围嘴结构制图

4. 结构制图

S码婴儿360°旋转围嘴结构制图如图5-16所示。

5. 制图与工艺说明

（1）制图基础正方形宽为28 cm × 28 cm（内径尺寸+围嘴最宽处 × 2）。

（2）门、里襟在前或后中心处，搭门宽1cm，纽扣距领口弧或外轮廓1.5cm。

（3）领口绳条长为领口弧长+围嘴外边缘轮廓长+门、里襟宽度，宽0.6cm。

三、饭兜

1. 款式特点

适合四季穿着的饭兜，领口处绲边系扣，2粒扣可调节领口大小，袖窿、外轮廓绲边，袖窿处绲边连后背系带，反面贴边在吃饭时可翻转至正面。饭兜款式设计如图5-17所示。

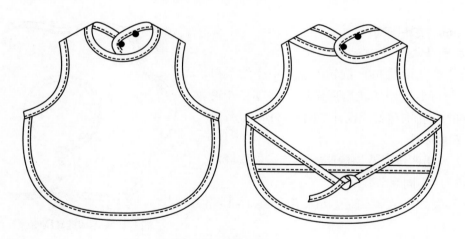

图5-17　饭兜款式设计图

2. 原辅材料

（1）表层面料采用棉麻机织印花面料。

（2）里层面料采用高密度聚酯纤维，防湿防水。

（3）领口、袖窿与外轮廓绲边和系带采用表层同种面料。

（4）后颈部2粒树脂四合扣。

3. 成衣尺寸

适合的婴儿饭兜规格为80、90，基准测量部位和参考尺寸如表5-9所示。

表5-9 饭兜规格表   单位：cm

名称 身高	饭兜宽	饭兜长	绲边宽
80	33	28	0.8
90	35	30	0.8

4. 结构制图

规格为90的婴幼儿饭兜结构制图如图5-18所示。

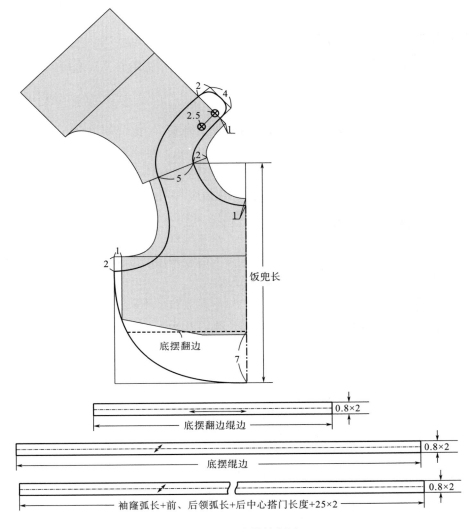

图5-18 饭兜结构制图

5. 制图与工艺说明

（1）规格90的饭兜制图采用90cm高婴幼儿原型。

（2）宽度在胸围基础上加宽1cm，袖窿开深2cm，领宽沿侧颈点开宽2cm，前后领深均加深1cm。

（3）沿侧颈点量取前衣长30cm。

（4）肩宽5cm，后中心宽4cm，搭门宽2cm。

（5）前中心处底摆翻边7cm。

（6）扣位距领弧1cm，扣间距2.5cm。

（7）各部位绲边宽0.8cm。

第四节 肚兜

　　肚兜是保护婴幼儿胸腹的内衣，形状可以是正方形、长方形、菱形或椭圆形等，肚兜上的主题花纹图案可以是印花或刺绣，象征趋吉辟邪、吉祥幸福的含义。

一、经典肚兜

1. 款式特点

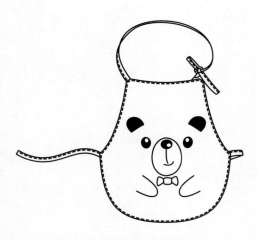

图5-19　经典肚兜款式设计图

　　经典款肚兜，袖窿较大，穿着舒适，颈部系带穿套在领口左侧布环，右侧腰部系带穿套在左侧布环，衣身边缘缉明线，衣片卡通印花装饰。经典肚兜款式设计如图5-19所示。

2. 原辅材料

　　（1）面料采用针织棉毛布或多层机织棉纱布，柔软舒适。

　　（2）系带和布环采用衣身同种面料。

3. 成衣尺寸

　　适合的婴幼儿饭兜规格为52、66、80，基准测量部位和参考尺寸如表5-10所示。

表5-10　经典肚兜规格表　　　　　　　　　　　　单位：cm

身高＼名称	肚兜宽	肚兜长	领宽
52	23	21	7
66	25	23	8
80	27	25	9

4. 结构制图

规格为80的婴幼儿经典肚兜结构制图如图5-20所示。

5．制图与工艺说明

（1）制图基础长方形尺寸为肚兜宽/2×肚兜长。

（2）领口宽9cm，连接领宽点和长方形的高的中点，并做边缘弧线。

（3）连接长方形的高的中点和后底摆中心点，并做边缘弧线。

（4）各部位系带和布环宽0.6cm，颈部系带长度为32～35cm，腰部系带长度为30～32cm，布环长3cm。

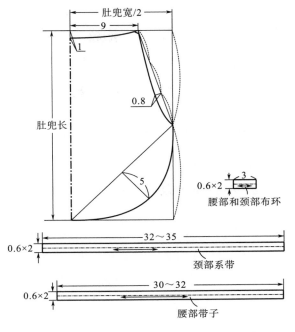

图5-20 经典肚兜结构制图

二、背带式肚兜

1．款式特点

天然彩棉肚兜，后背背带，可防止婴幼儿穿着时上滑裸露腹部，加宽肩带穿着更舒服，纽扣设计脱离系带的烦琐，每个肩带加1粒备用扣调节肩带长短。背带式肚兜款式设计如图5-21所示。

图5-21 背带式肚兜款式设计图

2．原辅材料

（1）面料采用针织天然彩棉棉毛布，柔软舒适。

（2）系带采用衣身同种面料。

（3）肩带处4粒四眼纽扣。

3．成衣尺寸

适合的婴幼儿饭兜规格为52、66、80，基准测量部位和参考尺寸如表5-11所示。

表5-11　背带式肚兜规格表　　　　　　　　　　　　　　单位：cm

名称\身高	肚兜宽	肚兜长	领宽
52	23	21	7
66	25	23	8
80	27	25	9

4. 结构制图

规格为80的婴幼儿背带式肚兜结构制图如图5-22所示。

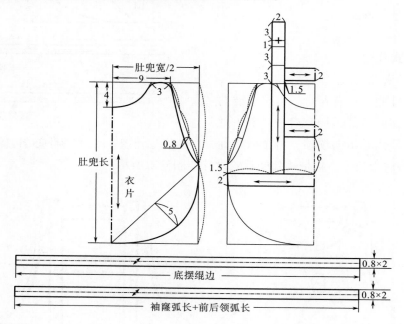

图5-22　背带式肚兜结构制图

5. 制图与工艺说明

（1）制图基础长方形尺寸为肚兜宽/2×肚兜长。

（2）领口宽9cm，领口深4cm，肩带处宽度3cm，连接领宽点和长方形的高的中点，并做边缘弧线。

（3）连接长方形的高的中点和后底摆中心点，并做边缘弧线。

（4）各部位系带宽2cm，背部系带在袖窿下1.5cm，直带位置在背部横带的二分之一处，其他两个横带的尺寸与位置如图5-22所示。

（5）各部位系带宽0.8cm，绲边长度为各自的长度。

三、连腿肚兜

1. 款式特点

适合男女童的连腿肚兜可有效防止儿童腹部着凉，颈部、背部系带可避免纽扣对儿童身体的伤害，腿部橡筋挂带可避免勒紧腿部，前胸卡通图案装饰，活泼可爱。连腿肚兜款式设计如图5–23所示。

图5–23　连腿肚兜款式设计图

2．原辅材料

（1）面料采用针织天然彩棉棉毛布，柔软舒适。

（2）系带采用衣身同种面料。

（3）腿部合适宽度的橡筋。

3．成衣尺寸

适合的婴幼儿连腿肚兜规格为66、73、80，基准测量部位和参考尺寸如表5–12所示。

表5–12　连腿肚兜规格表　　　　　　　　　　　　　　　　单位：cm

名称 身高	肚兜宽	肚兜长
66	26	26
73	28	29
80	30	32

4．结构制图

规格为80的婴幼儿连腿肚兜结构制图如图5–24所示。

5．制图与工艺说明

（1）制图基础长方形尺寸为肚兜宽/2×肚兜长。

（2）领口宽8cm，前中心下弧0.5cm，袖窿深13cm。

（3）裆部位置距下边线6cm。

（4）前片腿部宽度为肚兜宽/2–1.5cm。

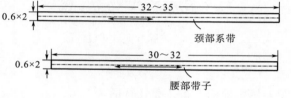

图5-24 连腿肚兜结构制图

（5）腿部橡筋包布宽2cm，长20cm，里面连裁。

（6）各部位系带和布环宽0.6cm，颈部系带长度为32～35cm，腰部系带长度为30～32cm，布环长3cm。

第五节　肚围

肚围是保护婴幼儿腹部、防止睡觉时着凉的用品。

一、新生儿护肚肚围

1. 款式特点

新生儿护肚肚围，四周绲边，两端魔术贴方便扣系，柔软舒适，给宝宝温暖保障。新生儿护肚肚围款式设计如图5-25所示。

2. 原辅材料

（1）面料采用纯棉优质纱布，柔软舒适。

（2）外轮廓绲边采用1+1纯棉罗纹。

（3）合适尺寸魔术贴缝缀于两端。

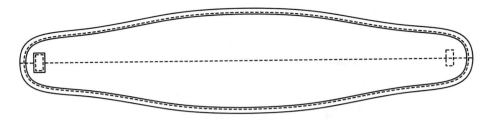

图5-25　新生儿护肚肚围款式设计图

3．成衣尺寸

适合的婴儿肚围规格为55/12，基准测量部位和参考尺寸如表5-13所示。

表5-13　新生儿护肚肚围规格表　　　　　　　　　　单位：cm

身高 ＼ 名称	肚围长	肚围宽
55/12	55	12

4．结构制图

55/12婴儿肚围结构制图如图5-26所示。

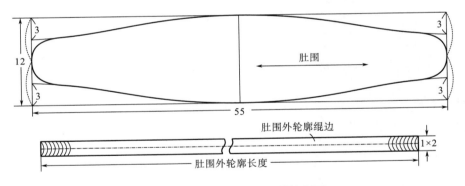

图5-26　新生儿护肚肚围结构制图

5．制图与工艺说明

（1）制图基础长方形尺寸为肚围宽×肚围长。

（2）两端弧线，弧形宽度为6cm。

（3）肚围外轮廓绲边长为外轮廓长度，宽为1cm。

二、婴幼儿护肚肚围

1．款式特点

婴幼儿护肚肚围，双层面料设计，舒适保暖，半背设计防尿湿。婴幼儿护肚肚围款式设计如图5-27所示。

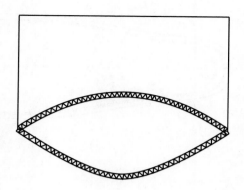

图5-27 婴幼儿护肚肚围款式设计图

2. 原辅材料

面料采用纯棉针织棉毛布，柔软舒适。

3. 成衣尺寸

适合的婴幼儿肚围规格为S、M、L，基准测量部位和参考尺寸如表5-14所示。

表5-14 婴幼儿护肚肚围规格表　　　　　　　　　　单位：cm

身高　　　　　　名称	肚围长	肚围宽
S	16	17.5
M	18	19.5
L	20	22

4. 结构制图

S码婴幼儿肚围结构制图如图5-28所示。

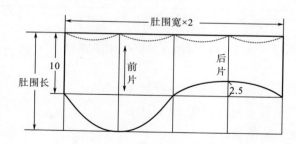

图5-28 婴幼儿护肚肚围结构制图

5. 制图与工艺说明

（1）制图基础长方形尺寸为（肚围宽×2）×肚围长。

（2）起弧位置距上边线10cm。

（3）半背弧线上弧2.5cm。

第六节　帽子

婴幼儿帽子对保护婴幼儿娇嫩的头部不受外界刺激、保温及遮挡直射的阳光非常必要。夏季可选择吸湿、透气性好的纯棉面料的帽子，冬季应选择面料较厚、保暖性好的羊毛织物帽子。

一、婴儿帽

1. 款式特点

结构简单，边缘荷叶边装饰，缝缀荷叶边处抽橡筋。婴儿帽款式设计如图5-29所示。

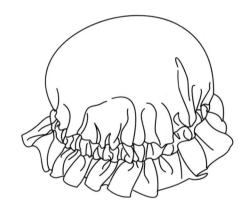

图5-29　婴儿帽款式设计图

2. 原辅材料

面料采用纯棉针织棉毛布或机织平纹布，柔软舒适。

3. 成衣尺寸

适合3个月以内的婴儿帽规格为44，基准测量部位和参考尺寸如表5-15所示。

表5-15　婴儿帽规格表　　　　　单位：cm

部位 规格	半径	头围
46	15	46

4. 结构制图

规格为46的婴儿帽结构制图如图5-30所示。

5. 制图与工艺说明

（1）帽片为正圆形，半径为15cm，缝合线间距1cm。

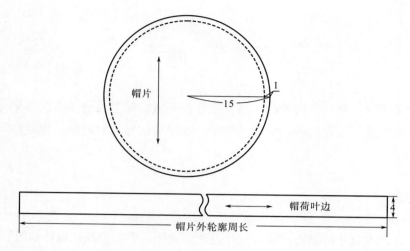

图5-30　婴儿帽结构制图

（2）荷叶边长为帽片圆周长的长度，宽4cm。

二、六片太阳帽

1. 款式特点

六片式造型，带帽檐，丝带装饰，适合男女童外出穿戴。六片太阳帽款式设计如图5-31所示。

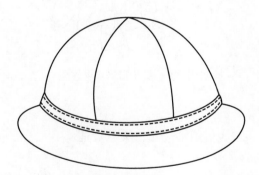

图5-31　六片太阳帽款式设计图

2. 原辅材料

面料采用纯棉机织平纹布，柔软舒适。

3. 成衣尺寸

适合1周岁左右的婴儿帽规格为48，基准测量部位和参考尺寸如表5-16所示。

表5-16　六片太阳帽规格表　　　　　　　　　　　　　单位：cm

规格　　　　　　　　　　　　　　部位	头围
48	48

4. 结构制图

规格为48的婴儿帽结构制图如图5-32所示。

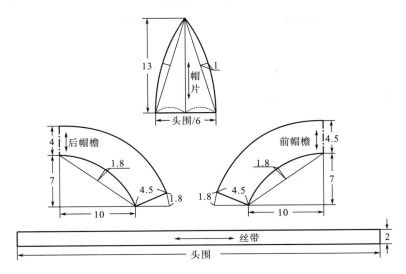

图5-32　六片太阳帽结构制图

5. 制图与工艺说明

（1）帽体由六片帽片组成，每片帽片宽为头围/6，高为13cm，帽边为弧线形，外凸1cm。

（2）后中心帽檐宽4cm，侧边宽4.5cm，后片内弧长度等于头围/2。

（3）前中心帽檐宽4.5cm，侧边宽4.5cm，前片内弧长度等于头围/2。

（4）装饰丝带宽2cm，长为头围尺寸。

参考文献

［1］马芳. 童装结构设计与应用［M］. 北京：中国纺织出版社，2017.

［2］柴丽芳. 童装结构设计［M］. 北京：中国纺织出版社，2011.

［3］智海鑫. 童装样板100例［M］. 北京：化学工业出版社，2018.